U0237581

e生态文化系列丛书

第三届"美丽中国"大赛

最美古树名木

李世东◎主编

中国林业出版社

图书在版编目（CIP）数据

最美古树名木·国外之贵 / 李世东主编. -- 北京：中国林业出版社，2016.12
ISBN 978-7-5038-8830-4

Ⅰ.①最… Ⅱ.①李… Ⅲ.①树木－世界－图集Ⅳ.①S717-64

中国版本图书馆CIP数据核字(2016)第314267号

《最美古树名木》审图号：GS（2017）2749号

策划编辑：谢宁波
出　　　版：中国林业出版社（100009 北京市西城区德内大街刘海胡同7号）
网　　　址：http://lycb.forestry.gov.cn
E-mail：cfybook@163.com　　　电　话：010-83143580
发　　　行：中国林业出版社
印　　　刷：北京雅昌艺术印刷有限公司
版　　　次：2017年6月第1版
印　　　次：2017年6月第1次
开　　　本：889mm×1194mm　1/16
印　　　张：24.5
字　　　数：340千字
定　　　价：98.00元

编委会

《最美古树名木·国外之贵》

主　编

李世东

副主编

邹亚萍　杨新民　谢宁波

编　委

赵　瑄　简　帅　张越华

刘　枭　张会华　徐　前

李淑芳　冯峻极　王　辉

顾红波　高　崎

前言

　　秀美的山川、瑰丽的河流、雄浑的荒漠、浩瀚的海洋，在我们居住的这颗蓝色星球上，无数的生命体一起形成了生机勃勃、绚烂多彩的美丽画面。树，作为这颗星球上的古老种类，已经生活上亿年之久。沧海桑田，这些神奇的生物有些深埋于地下成为化石，为人类发展提供大量的优质能源；时代变迁，有些通过不断的绵延生息依旧挺立在这颗星球上，为我们提供氧气、吸附尘埃、固定水土。地球上的每个大洲、每个国家都分布着古树名木，他们有些以群落形式生长在原始丛林中，有些则不惧环境恶劣孤独竖立在贫瘠的原野上，他们成为了悠久历史的见证者，也成了时代变迁的记录者。

　　为弘扬生态文化，引导公众关注古树名木，中国林业网、国家生态网、美丽中国网共同举办了第三届美丽中国作品大赛"寻找最美古树名木"。本次大赛自2015年8月启动，至2016年5月31日结束，分为古树之冠、名木之秀、异木之奇、国外之贵四大参赛类别，得到了社会各界的热切关注和积极参与，共征集作品2600余幅。经过严格的专家评选，每类作品产生一等奖3篇，二等奖5篇，三等奖7篇，优秀奖35篇。

　　我们把获奖作品按照大赛分类编辑出版，展示了我国各地古树名木保护成果及全球各大洲主要古树名木，引导公众认识身边的古树名木，积极参与古树名木保护，为推进生态文明，建设美丽中国作出积极贡献。自2011年开始，中国林业网陆续举办了"首届全国生态作品大赛""信息改变林业故事征文大赛""首届美丽中国征文大赛""第二届全国生态作品大赛"，陆续出版了《信息改变林业佳作100篇》《首届美丽中国佳作100篇》《美丽生态

佳作选》和《第二届美丽中国佳作100篇》，充分发挥了线上线下的共同作用，为社会公众提供了生态文化交流的网络平台，营造了尊重自然、顺应自然、保护自然的生态文化氛围，提升了林业行业互联网影响力。

值此《最美古树名木》系列作品集出版之际，特向参与、关注、支持"寻找最美古树名木"大赛的社会公众表示真诚的谢意，向为本书付出辛苦劳动的专家评审们表示衷心的感谢，向积极参与大赛的各省、区、市林业厅（局）、国家林业局各司局、各直属单位，特别是国家林业局森林公安局、北京市园林绿化局、浙江省林业厅、福建省林业厅、湖南省林业厅、山东省林业厅表示诚挚的谢意，向一直以来关注、支持中国林业网建设的社会各界和广大朋友表达最真诚的感谢！

本书面向社会读者，以加强生态保护为出发点，旨在唤起更多人保护古树名木的意识，不以赢利为目的。为使作品内容更加丰富，题材更加全面，个别作品选用了网络图片和文字，因个别作者无法联系到本人，请相关作者尽快与"美丽中国"大赛主办方联系。对各位作者为中国古树名木保护作出的贡献表示衷心感谢。不妥之处，敬请读者批评指正！

编者
2016年12月

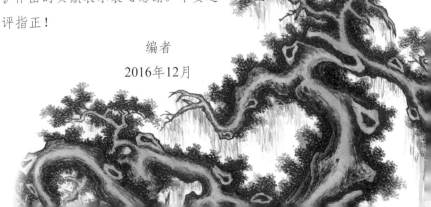

目录

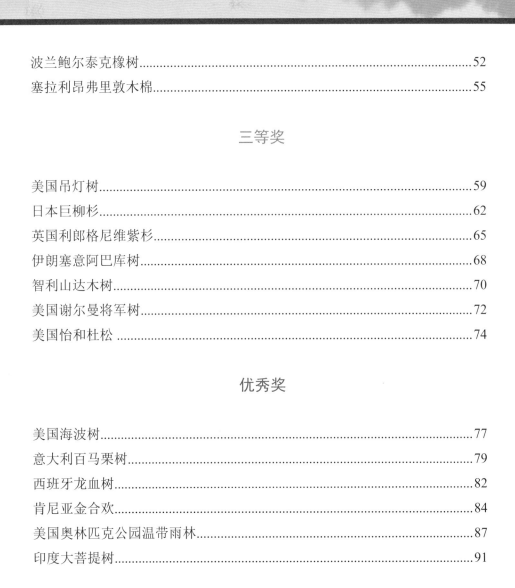

最美古树名木

国外之贵

提名奖

最美古树名木

国外之贵

附录

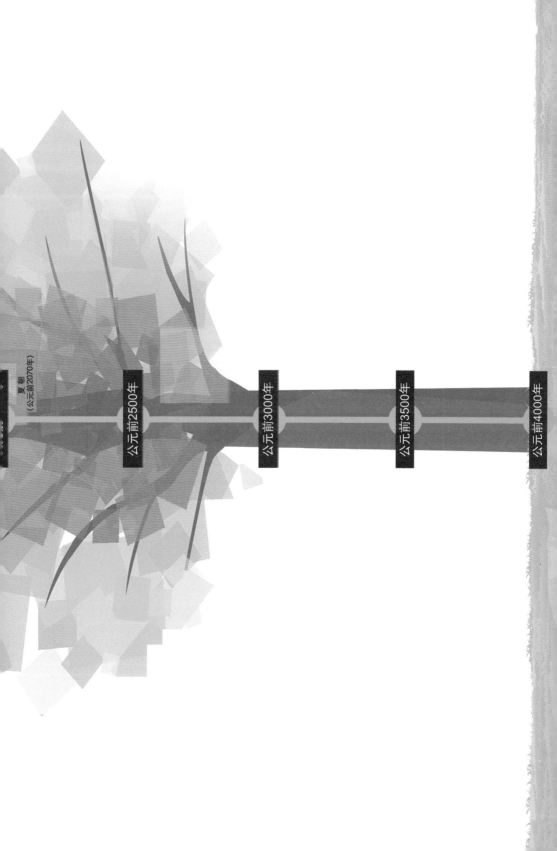

夏朝
（公元前2070年）

公元前2500年

公元前3000年

公元前3500年

公元前4000年

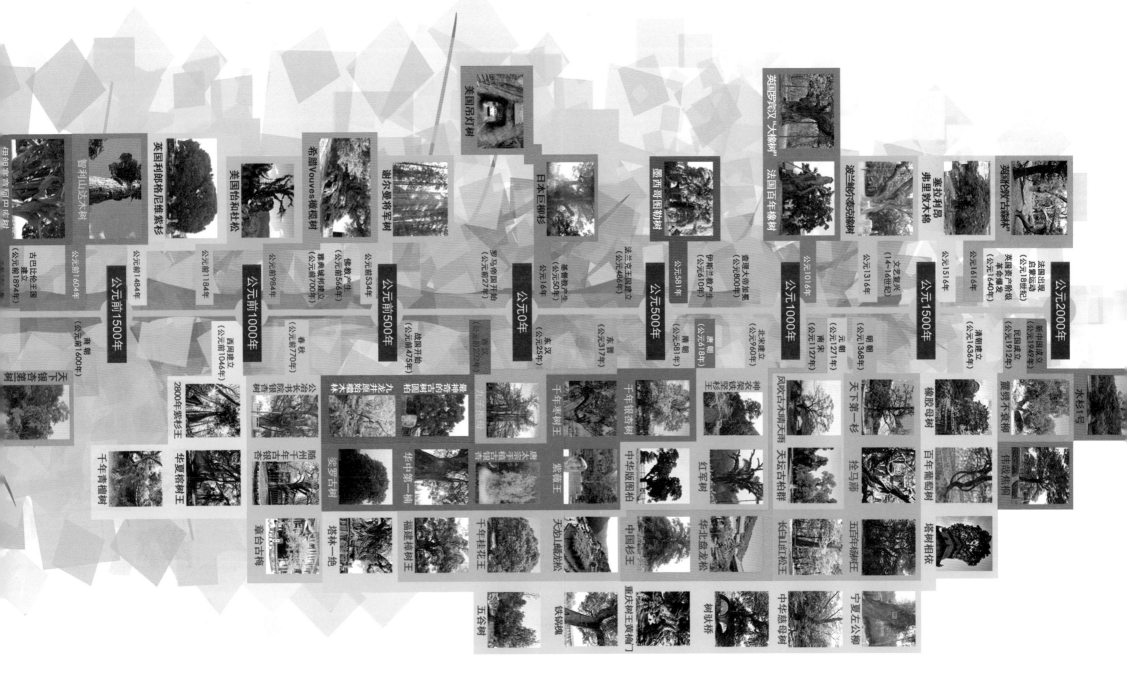

伊朗辈育阿巴在树
（古巴比伦王国建立 公元前1894年）

智利山达木树
公元前1604年

英国利郎格尼维紫杉
公元前1484年 商朝（公元前1600年）

美国怡和杜松
公元前1184年

希腊Vouves橄榄树
公元前984年 西周建立（公元前1046年）

谢尔曼将军树
公元前566年 佛教产生（公元前566年）
公元前534年 雅典城邦建立（公元前700年）

美国吊灯树
公元前475年 成国开始（公元前202年）
公元前50年 罗马帝国开始（公元前27年）

公元前1500年

公元前1000年
2800年紫杉王
千年青榈树
华夏榕树王
章台古梅

公元前500年
随州千年古银杏
千年桂花树王
福建樟树王
五谷树

日本巨柳杉
公元16年 东汉（公元25年）

墨西哥图勒树
公元581年 隋朝（公元618年）
公元500年

公元0年
唐朝（公元618年）
九龙井原始榆树
最神高的古树柏
力子银杏
千年罗汉松
紫薇王

查理大帝加冕
公元800年

法国百年橡树
公元1016年

英国罗宾汉"大橡树"

波兰的美宏伯橡树
公元1271年 元朝（公元1271年）

弗里敦木棉
公元1316年 南宋（公元1127年）

明朝（公元1368年）

公元1500年

清朝建立（公元1636年）

美国金边柳
公元1516年 英国资产阶级革命爆发（公元1640年）

霜眼不衰柳

公元2000年
英国"教古森林"
法国出现启蒙运动（公元18世纪）

新中国成立（公元1949年）
民国成立（公元1912年）

水杉1号

天下银杏树

千年紫薇树王
华中第一楠
千年挂花树王
天目山铁坚油松

千年银杏树
中华版图柏
中国杉王
重庆树王黄楠丁

神农架冷杉坚果王
红军树
华北落龙松
铁锅槐

天下第一杉
挂马藤
长白山红松王
树跃桥

橡胶母树
五百年滴树王
宁夏左公柳

百年葡萄树
塔树相依
中华慈母树

古树名木导论

为进一步了解掌握全球古树名木的分布情况，我们在"寻找最美古树名木"第三届美丽中国作品大赛的基础上，组织人员，借助互联网、文献数据库、国家图书馆等渠道，收集整理了古树名木数据，进行了多角度分析。

一、古树名木概述

自生命起源以来，从只有1微米的单细胞藻类到身长可达33米的海洋霸主蓝鲸，地球的物种纷繁复杂。据估计，全世界物种数量多达1亿种，其中180万种被命名，各类树木便是这群地球古老居民的重要组成部分。

（一）古树名木概念、分类及特点

1. 古树名木的概念。古树名木一般是指在人类历史过程中保存下来的年代久远或具有重要科研、历史、文化价值的树木。古树指树龄在100年以上的树木；名木指在历史上或社会上有重大影响的中外历代名人、领袖人物所植或者具有重要的历史、文化价值、纪念意义的树木。

2. 古树名木的分类。古树名木的分级及标准：古树分为国家一、二、三级，国家一级古树树龄500年以上，国家二级古树300～499年，国家三级古树100～299年。国家级名木不受年龄限制，不分级（见图1）。

另外，全国各地对古树名木也有不同的分类标准，如《北京古树名木评价标准》中，一级古树是树龄在300年（含300年）以上的树木；二级古树是树龄在100年（含100年）以上300年以下的树木。名木是由国家元首、政府首脑、有重大国际影响的知名人士和团体栽植或题咏过的树木；北京地区珍贵、稀有的树木。

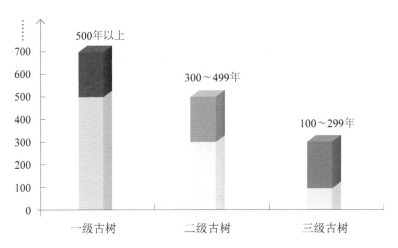

图1 古树名木的分级及标准

3. 古树名木的特点。古树名木具有多元价值性、不可再生性、特定时机性以及动态性等特点（见图2）。

多元价值性。古树名木是多种价值的复合体。古树不仅具有一般树木所具有的生态价值，而且是研究当地自然历史变迁的重要材料，有的则具有重要的旅游价值。

不可再生性。古树名木具有不可再生性，一旦死亡，就无法以其他植物来替补。

特定时机性。古树形成的时间较长

图2 古树名木的特点

（至少需要100年），植树者在有生之年，通常无法等到自己所种植的树变成古树，而名木的产生也有一定的机遇性。无论是古树，还是名木，都不可能在短期内大量生产，具有特定的时机性。

动态性。古树的动态性体现在，一方面，随着树龄的增加，一些古树很可能因树势衰弱、人为因素而死亡、不复存在，另一方面，一些老树随着时间推移则会成为新的古树。

4．古树名木的意义。在森林生态系统中，古树对整个群落的形成起了决定性的作用。同时，古树可以为研究自然史提供重要的信息，主要是因为其复杂的年轮结构，蕴含着古水文、古地理、古植被的变迁史。古树很重要的一点，就是对研究树木生理具有特殊意义。

（二）古树名木的文化解读

古树名木是大自然和祖先遗留给我们的珍贵财富，它承载着中华文化，记载着历史变迁，素有"活化石""活文物"的美誉。保护好古树名木，就是保护了一座优良林木种源基因库，保护了祖先留给我们的宝贵财富。做好古树名木保护工作，对于弘扬中华民族植树爱林的优良传统，普及科学知识，增强人民的绿化意识和生态意识，促进社会主义精神文明建设，都具有十分重要的意义。历经千百年的古树具有珍贵的历史价值。一棵古树，就是一段历史的见证与一种文化的记录，是一部中国生态史、文化史。一株名木，就是一段历史的生动记载。透过一棵棵古树，可以重温这些"活文物"的博大精深。

1．古树名木与神话传说。我国古树名木众多，历史悠久的村落、香火鼎盛的庙宇、经年累月的祠堂、人迹罕至的森林都能寻找到古树的踪迹。苍郁的古树生机盎然，充满灵气，集古、奇、灵、神于一体，给人以恬醇、清凉、古朴、豁达之感。人类与树木相伴而生，构成了一道道靓丽的自然景观和人文景观。这些曾经遍布于蓝色星球的古老生物，是养育人类的摇篮，人类依赖它，同时也敬畏它，崇拜它。在盘古开天辟地的神话中，盘古的"汗毛"变成了树木；在夸父逐日的传说中"手杖"变成了一片桃林……古代文献中所载神树异木很多，《山海经》中便有扶桑树、建木等神树，其中扶桑树传说由两棵相互扶持的大桑树组成，羲和大神的儿子金乌就是从此处驾车升起（见图3）。

3

图3　山海经·扶桑树

中国自古以来，就富有树神崇拜的传统。据一些专家考证，民间传说中的龙，原本就是树神的化身，其原型就是四季常青的松柏一类的乔木。在四川广汉三星堆出图的青铜神树上，有枝叶、花卉、果实、飞禽、走兽、悬龙、神铃等。表明其文化特征是"天人合一，追求光芒"（见图4）。先人崇拜树木，把树木看做是自己的祖先和保护神。由此可见，古树文化融合了先民的宇宙观、社会观、人生观，对古代社会的文明进程起到了重要的作用。在长期的中国历史发展过程中，渐渐演变为中国的一种精神文化。后来无论是古朴的

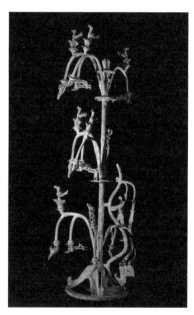

图4　青铜神树

汉画像石中，还是在空灵的山水画中，都不难看到树木的身影。每一棵古树，都与它生长时期的政治、经济、科技、文化艺术，以及信仰、审美等密切相

关，体现并映射出强烈的文化内涵，从而形成了有关古树的一系列文化映像。

2．古树名木与历史文化。我国是四大文明古国，众多古树名木的存在，就是悠久历史文化的见证。参差错落的古树扩展了空间，浓缩了时间，折射了历史，成为特有的景观。古树奇特的风貌，使人产生美感，被人传颂、敬仰。古树是有厚重感的，它的厚重感在于沉积于它沧桑年轮上的历史文化，以及由这种历史文化铸造的人文精神。千百年来，古树见证了历史的变迁、王朝的兴衰、文化的繁衍。古树名木蕴藏着丰富的政治、历史、人文资源，更是一座城市、一个地方文明程度的重要标志。"问我祖先来何处，山西洪洞大槐树。"洪洞大槐树一直被认为是全球华人认祖寻根的标志。可以说，古树名木是一部缩写的中国历史。研究中国的古树名木，对于弘扬中华民族传统文化有着十分重要的意义。人们通过长期的审美活动赋予古树名木以某种特有的品格，使这些闻世数千载的古树名木融入了深刻的文化内涵。"白袍将军"（见图5）、"一品大夫""左公柳"等

图 5　位于北京北海公园的"白袍将军"

古树与历史、文化史配合默契、贯通融合，可以看出古树对人类宗教、历史、哲学、美学、文学等各个层面的深远影响。

3．古树名木与人文精神。人与树朝夕相伴，深情款款。从《诗经》中"桑之未落，其叶沃若""桃之夭夭、灼灼其华""泛彼柏舟，亦泛其

流。耿耿不寐，如有隐忧。微我无酒，以敖以游。"都是以树写人或以树写情的名篇。其实，不只是文人墨客的诗词咏叹，很多先贤名人都曾经手植过很多古树名木。从轩辕黄帝手植柏（见图6）到老子手植银杏，从杭州北美红杉到中国水杉一号，人

图6　位于陕西省黄陵县的黄帝手植柏

们植树的传统美德代代相传，象征着中华民族的古老文明与璀璨文化，反映着国家、人与人之间的友谊、希望和真情。树是友谊的象征、情思的载体、希望的寄托，饱含着历代名人对古树的歌颂或赞美。

4. 古树名木与宗教艺术。古树名木包含了众多有关宗教信仰、民风民俗等。从古至今古树名木在人们心目中有着崇高的地位，对当地的民俗文化

图7　山东莒县浮来山定林寺"天下银杏第一树"

有着深远的影响。人们以树为寄托，赞美真挚的爱情、优良的传统美德，从一个个美好动人的古树和轶闻趣事，反映人们对和谐社会的憧憬。部分造型奇特、树姿优美的古树，表现古树的姿态美、艺术美和神奇美。一棵棵古树的多彩形态和立于天地之间的宏伟气势，树木之间、树与自然界之间有着千丝万缕的亲密关系。它们在自然生长过程中呈现出的千姿百态、别有情趣的神奇现象，反映古树给人的美感、艺术感和神秘感（见图7）。

二、世界古树名木

（一）世界树木总体情况

根据美国耶鲁大学专家团队在英国《自然》杂志上发表的研究结果，除南极洲以外，全球树木约为3.04万亿棵，平均每人400多棵。该研究发现，树木密度最高的森林分布在北美、北欧和俄罗斯。这些通常有密集针叶树的森林内生长着大约7500亿棵树，占全球总数的24%。土地面积最大的是热带和亚热带森林，生长着大约1.3万亿棵树，占总数的43%（见图8）。

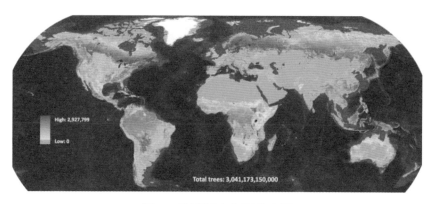

图 8　世界树木主要分布图

根据英国古树论坛（Ancient Tree Forum）、森林信托（Woodland Trust）和树木登记慈善机构（Tree Register）合作的一项名为"古树狩猎"项目统计结果，迄今为止记录在册的英国古树超过15万棵。这些古树数据库的古树信

息，使人们不但了解英国古树的数量，也为保护古树迈出了重要一步。

美国落基山古树年轮研究网（Rocky Mountain Tree-Ring Research），主要统计美国落基山脉的各类树种的最大年龄。据统计，树龄5000年以上的有1棵，树龄4000～5000年的2棵，树龄3000～4000年的4棵，树龄2000～3000年的6棵，树龄1000～2000年的30棵，树龄1000年以下的古树有76棵。

（二）国外古树名木大赛作品

本次大赛共征集国外古树名木作品134篇，按照作品所属区域范围，除南极洲以外，各大洲均有分布。其中，美洲共52篇占38%，欧洲共47篇占35%，亚洲共19篇14%，非洲共12篇占9%，大洋洲共6篇占4%（见图9）。

美洲古树名木代表作品主要有长寿树木美国玛士撒拉树、以著名将军名字命名的谢尔曼将军树以及被联合国教科文组织列为世界遗产名录的墨西哥图勒树等。

欧洲古树名木代表作品主要有与教堂融合的法国教堂橡树、英国最老橡树之一的"罗宾汉"大橡树、被认为世界最古老橄榄树之一的希腊橄榄树等。

非洲古树名木代表作品主要有世界闻名的南非6000年树龄的阳光酒吧猴面包树和解放黑奴历史纪念意义的标志性符号——塞拉利昂弗里敦木棉等。

亚洲（除中国外）古树名木代表作品有历史悠久的日本巨柳杉、造型奇特的柬埔寨塔布隆寺之树、在恶劣环境下顽强生存的巴林生命的奇迹树等。

大洋洲古树名木代表作品有因强风形成的新西兰倾斜树、高大壮观的澳大利亚桉树王等。

三、中国古树名木

（一）中国古树名木总体情况

据初步统计，我国共有古树名木352.48万株，其中，一级古树6.31万株，二级古树106.14万株，三级古树239.27万株，名木0.76万株（见图10）。其中，从分布区域来看，华东地区（上海、江苏、浙江、安徽、福

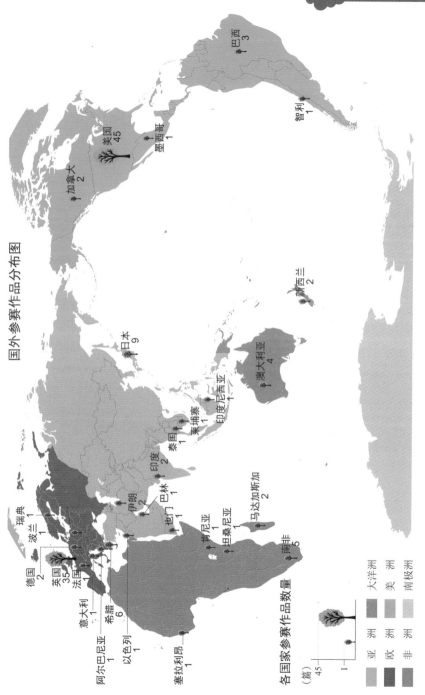

图 9　国外古树名木作品各大洲分布概况

9

最美古树名木
国外之贵

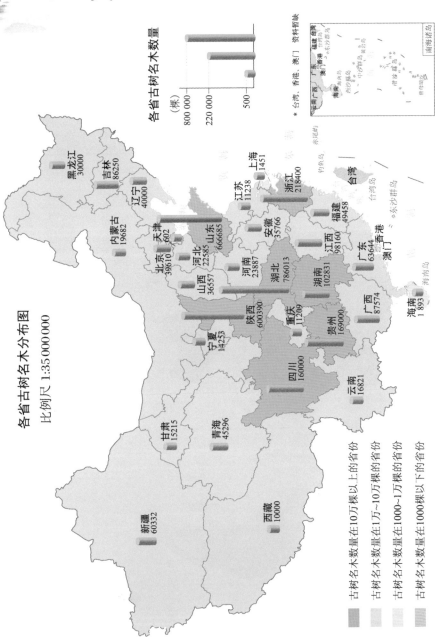

各省古树名木分布图

比例尺 1:35 000 000

各省古树名木数量

(棵)

800 000
220 000
500

* 台湾、香港、澳门，资料暂缺

黑龙江 30000
吉林 86250
辽宁 40000
内蒙古 19682
北京 39610
天津 602
河北 22585
山东 666685
山西 36557
河南 23887
江苏 11238
上海 1451
浙江 218400
安徽 35766
湖北 786013
江西 98160
福建 49458
广东 6364
香港
澳门
湖南 102831
广西 87574
海南 1893
陕西 600390
重庆 11209
贵州 169000
四川 160000
云南 16821
宁夏 14253
甘肃 15215
青海 45296
新疆 60332
西藏 10000

古树名木数量在10万棵以上的省份
古树名木数量在1万~10万棵的省份
古树名木数量在1000~1万棵的省份
古树名木数量在1000棵以下的省份

图 10 国内古树名木分布图

10

建、江西、山东）古树最多，超过100万株；西南地区（重庆、四川、贵州、云南、西藏）名木最多，接近全国名木总数的30%（见表1）。

表1　全国古树名木按区域分布表

区　域	总　数	一级古树	二级古树	三级古树	名　木
华　北	119036	10164	11349	96106	1417
东　北	156250	162	9966	145960	162
华　东	1081158	24797	414559	640686	1116
中　南	1065842	7531	23901	1033210	1200
西　南	367030	9926	7363	346984	2757
西　北	735486	10504	594314	129740	928
合　计	3524802	63084	1061452	2392686	7580

（二）中国古树名木大赛作品统计

1. 总体情况。经统计，本次大赛共征集国内古树名木作品2555篇。其中"古树之冠"类作品1380篇，"名木之秀"类作品773篇，"异木之奇"类作品402篇（见图11）。一级古树773株，二级古树208株，三级古树417株。一级古树占比超过了55%，二级古树和三级古树之和不到50%（见图12）。

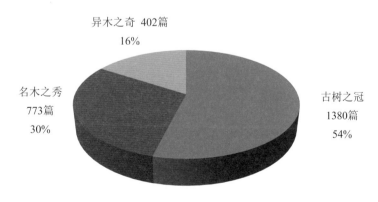

图11　大赛国内作品分布情况

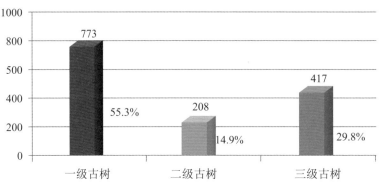

图 12 一级、二级、三级古树所占百分比

从整体作品分布来看，遍布全国31个省（区、市）及港澳台地区，其中作品最多的前10个省（市）为：河南省322个，浙江省280个，贵州省252个，北京市179个，湖北省144个，湖南省138个，陕西省130个，河北省113个，甘肃省91个，四川省90个（见图13）。

从获奖作品分布来看，古树之冠、异木之奇、名木之秀三个类别150个作品中分别在全国26个省份，其中陕西、北京、安徽、湖南、四川等10个省份位居前列（见图14）。

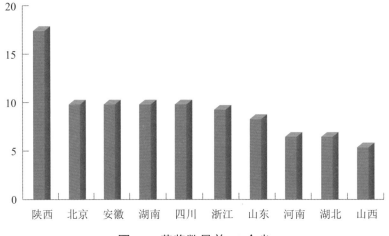

图 14 获奖数量前 10 个省

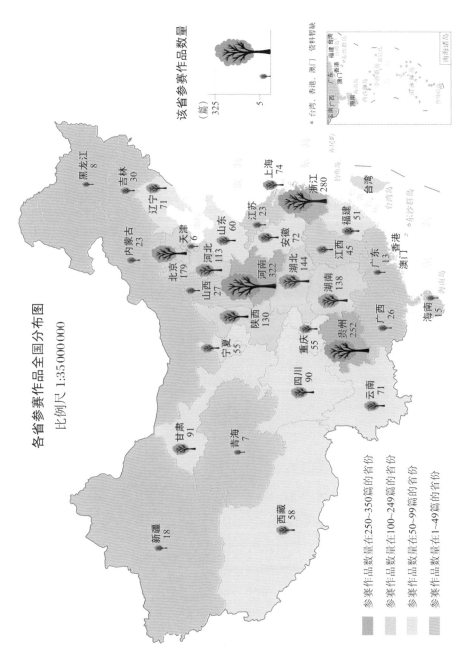

各省参赛作品全国分布图

比例尺 1:35000000

该省参赛作品数量

（篇）

325

5

* 台湾、香港、澳门 资料暂缺

南海诸岛

黑龙江 8
吉林 30
辽宁 71
内蒙古 23
天津 6
山东 60
上海 74
江苏 123
浙江 280
福建 51
台湾
北京 179
河北 113
河南 322
安徽 72
湖北 144
江西 45
广东 13
香港
澳门
山西 27
陕西 130
湖南 138
贵州 252
广西 26
海南 15
宁夏 55
重庆 55
四川 90
云南 71
甘肃 91
青海 7
西藏 58
新疆 18

参赛作品数量在250~350篇的省份
参赛作品数量在100~249篇的省份
参赛作品数量在50~99篇的省份
参赛作品数量在1~49篇的省份

图 13　作品全国分布图

2．古树之冠。从大赛作品来看，一级古树占比较大，银杏作品最多。经统计，银杏作品158个，槐树50个，樟树45个，柏树26个，松树19个，银杏被称为"活化石"实至名归（见图15）。

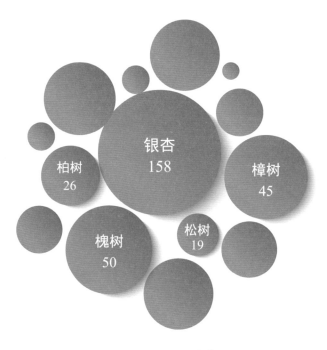

图 15　各类主要树种占比

树龄之冠。本次参赛作品中，树龄最高的是"黄帝手植柏"，树龄为5000多年，位于陕西省黄陵县黄帝陵，传说为轩辕黄帝亲手所植。另一株是位于陕西省白水县仓颉庙内的仓颉手植柏，树龄也超过5000年。据统计，树龄前5位的作品中柏树3棵，银杏2棵。树龄前30名的作品中，柏树占近一半，其次为银杏、青檀、红豆杉，主要分布在陕西、山东、河南、湖北等省（见图16）。

树高之冠。本次参赛作品中，树高之最为"擎天树"，树种是望天树，树高为85米，位于广西那坡县百合乡清华村。据统计，树高前5位的作品，分别为望天树、银杏、皂荚、黄连木、金钱松。树高前30名的作品中，银杏

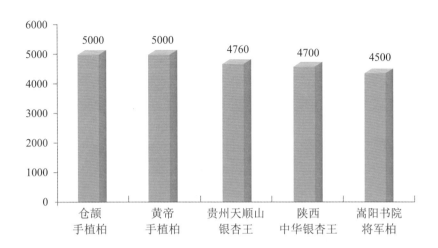

图 16　树龄排名前 5 名的古树

与金钱松为占比最高树种，主要分布于贵州、湖北、浙江等省（见图17）。

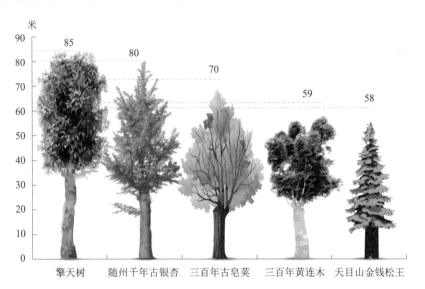

图 17　树高排名前 5 名的古树

树径之冠。本次参赛作品中，胸径之冠为《焦家坡槐树》，树种是槐树，此树位于陕西省陇县杜阳镇焦家坡二组，胸径7.24米。据统计，树径前

30名的作品中，树径平均达到5.16米，银杏与槐树为占比最高树种；超过60%的作品位于河南省（见图18）。

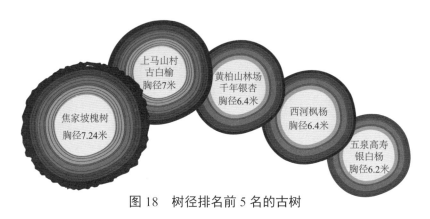

图18　树径排名前5名的古树

3. 异木之奇。按照作品情况，可以分为树木形态奇特、相依并生、生长位置特殊、树木习性奇异四大类别，其中树木形态奇特占59.2%，树木相依并生占19.5%，生长位置特殊占7.7%，树木习性奇异占13.6%（见图19）。

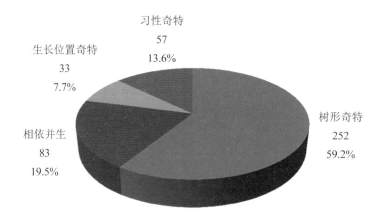

图19　异木之奇分类所占百分比

树木形态奇特。大自然的鬼斧神工造就了这些形状千姿百态的古树，它们有些形似巨龙蜿蜒曲折，有些状若凤凰呼之欲飞，也有些看似洪钟，气势磅礴。其中，天龙山蟠龙松、中华版图柏就是此类的佼佼者。

相依并生。万物皆有灵性，这些庞然大物也不例外。它们有些如同情侣，相思相守；有些好像母子，相依为命；有些仿佛兄弟姐妹，相互帮助。有些甚至与宝塔、房檐、石头相依相生，仿佛万物都有了生命。一等奖作品中的塔树相依和九子抱母为这种景象的代表作品，宝塔上生长着一株完整的古树，一株古银杏被繁衍的小银杏所包围的温馨景象，为人惊叹。

生长位置特殊。有些古树位于山崖、峭壁、戈壁等险恶环境，在极为有限的生存空间和机会下，这些生命力极强的物种就能生根发芽，茁壮成长。戈壁"神树"等作品就是这些古树强大生命力的写照。

树木习性奇异。这些树木中，有些果实各型各样，有些花朵五种颜色，有些死而复生，有些同根却长出不同树种，如奇甲天下"五谷树"会在不同的季节结出不同的果实，神奇紫荆树同时开出三色花等都表现出大自然的种种神奇。

4. 名木之秀。按照作品的文字内容，可以分为名人栽种、历史事件、民间传说、珍稀树木四大类别，其中名人栽种占7%，历史事件占68%，民间传说占24%，珍稀树种占1%（见图20）。

名人栽种。中国仍存有大量名人栽种的树木，如距今5000多年的黄帝手

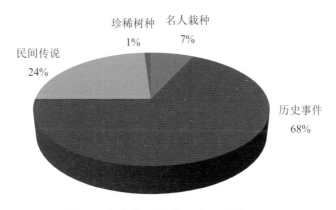

图20　名木之秀分类所占百分比

植柏，毛泽东手植丁香等，这些树木因伟人栽种而对世界产生了深远影响，是前人留给世人的珍贵遗产。

历史事件。古树名木中许多树在它生长的地方，沐浴了上千年的风风雨雨，见证了整个地方甚至是中华民族的重大历史。如宁夏左公柳、红军树等"目睹"了古代与近代的重要事件，如今依然苍翠挺拔、枝繁叶茂，彰显出中华民族生生不息、国脉传承的强大生命力。

民间传说。有许多的古树名木因千百年来的民间传说故事，已成为其地域特有的文化视觉元素符号，产生特有的自然生态文化价值，使观赏价值日渐凸显。例如内蒙古自治区通辽市的一棵千年古榆树，围绕它民间衍生了许多神奇的故事，使古榆的知名度不断提升，更多的人被这一自然生态文化现象所吸引，年复一年，日复一日，古榆慢慢地融入了人们的生活之中。

珍稀树种。经过漫长的时间跨度，许多树种已灭绝，得以幸存的树种和树是全人类的珍贵遗产，理应被全世界保护。中国也存有这样的稀有树木，如水杉1号、珙桐树1号等，在被保护后，慢慢被引种至全世界，成为世界人民喜爱的树木。

（三）征文与总体情况对比

1. 参赛作品与总体情况数量对比。全国古树名木统计中，国家一级古树6.31万株，占普查所有古树名木的2%左右；而本次大赛一级古树1330株，占比超过了50%，远远大于全国古树名木中一级古树比例。

2. 参赛作品与普查结果数量位于前10省市对比。大赛作品报送数量前10省市分别是河南、浙江、贵州、北京、湖北、湖南、陕西、河北、甘肃、四川。普查结果数量前10省市分别是湖北、山东、陕西、浙江、贵州、四川、湖南、江西、广西、吉林（见图21，图22）。

大赛作品报送数量前10省市与全国古树名木前10省市对比分析后，浙江、湖北、湖南、陕西、四川5个省市，同为前十省市，可见本次大赛报送范围与国内总体情况基本符合，古树多的省市报送的作品也相对多。

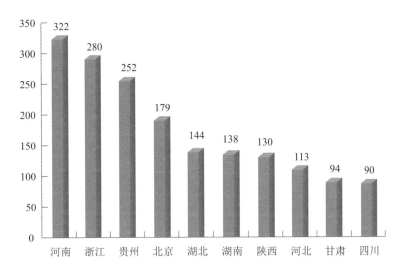

图21　大赛作品报送前10名省区市

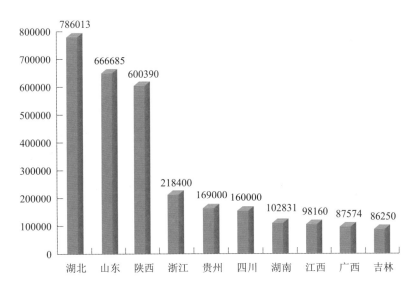

图22　全国古树名木前10名省区市

3．获奖作品与全国古树名木对比。经过对比，本次大赛的获奖作品（前三等奖），基本都属于各地具有代表性的古树名木，比如山东省莒县的

银杏树，陕西省黄陵县的黄帝手植柏，重庆市铜梁区的黄桷门等，一定程度上反映出本次大赛作品具有代表性。

四、中外古树名木比较

（一）作品数量

本次大赛国内作品2555篇，占95%，国外作品134篇，占5%。国内作品在参赛作品中占绝对比重。

（二）树龄比较

国外古树树龄较大的多分布在3000～6000年，代表古树如南非6000年猴面包树和美国4800年玛土撒拉长寿树等，而国内古树树龄较大的也在3000～5500年，代表古树有5000年黄帝手植柏等，国内和国外数据基本接近，反映出全球范围内古树树龄基本都固定在相近的区间内（见图23）。

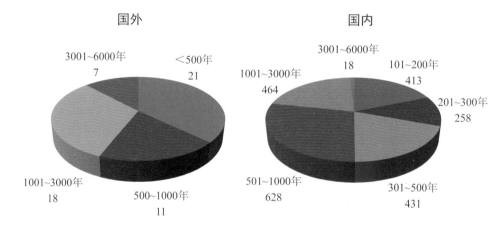

图 23　中外古树名木树龄比较

（三）树种比较

国外古树以猴面包树、柏树、杉树、橄榄树等为主，而国内古树以银杏、柏树、杉树、松树等居多，反映出国内作品涵盖树种类别更丰富（见图24）。

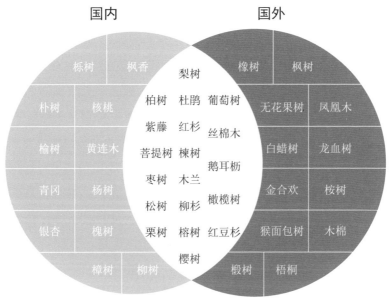

国内　　　　　　国外

栎树　枫香　　　梨树　　橡树　枫树

朴树　核桃　柏树　杜鹃　葡萄树　无花果树　凤凰木

榆树　黄连木　紫藤　红杉　丝棉木　白蜡树　龙血树

青冈　杨树　菩提树　楝树　鹅耳枥　金合欢　桉树

银杏　槐树　枣树　木兰　橄榄树　猴面包树　木棉

樟树　柳树　松树　柳杉　红豆杉　椴树　梧桐

栗树　榕树

樱树

重复的树种

图 24　中外古树名木树种比较

总体来说，通过世界与中国古树名木现状以及本次大赛作品中国与世界古树名木比较，可见中国古树名木的数量、质量在世界范围内均处于前列。

五、古树名木大数据分析

2016年以来，互联网上对于古树名木相关话题高度关注，截至2017年3月23日，互联网上相关数据达100万余条，内容来自互联网主要媒体、论坛、博客、微博等渠道。论坛和互联网新闻媒体成为本次话题传播的主力军，占比分别为31.22%和31.03%。

（一）古树名木受到网民广泛关注

1. 网民高度关注古树名木相关话题。2016年以来，网民对于古树名木高度关注，截至2017年3月23日，互联网上相关数据达100万余条，月均超过

5万条。2016年2月份，国家林业局宣布建立古树名木保护责任追究制，将定期公布古树名木保护名录，当月相关话题首次突破10万条。2016年9月国家林业局发布《关于着力开展森林城市建设的指导意见》，《意见》中指出，实施科学营林，尽量使用乡土树种、有益人体健康和吸收雾霾的树种。同时，要坚持勤俭节约，反对一切形式的铺张浪费，特别是大树、古树进城和非法移栽的做法。当月互联网上关于古树名木的讨论又达到一个小高峰，话题讨论量达到7万余条。10月相关话题量略有下降。2016年11月，国家林业局"古树名木保护与繁育工程技术研究中心"成立，对西北乃至全国古树名木保护与繁育工作起到积极的促进作用，当月相关话题讨论量近10万条，截至2017年3月23日，古树名木相关话题讨论量一直保持在较高水平（见图25）。

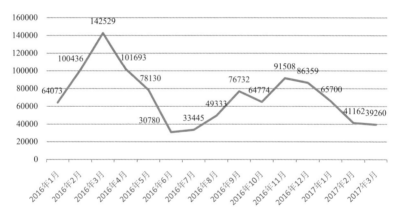

图25 古树名木话题互联网关注情况

2．论坛、互联网新闻媒体是传播的主力军。就传播渠道而言，论坛和互联网新闻媒体成为本次话题传播的主力军，占比分别为31.22%和31.03%。对于本次古树名木话题传播起到了至关重要的作用。其他自媒体类传播渠道数据占比达到31.4%，其中微博数据占比达到22.69%，博客数据占比为8.71%。其他渠道相关话题占比为6.36%（见图26）。

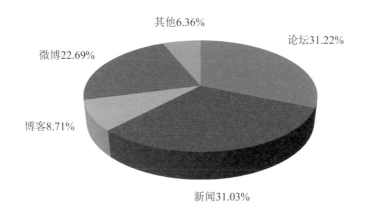

图26 古树名木话题渠道占比情况

（二）网民重点关注古树名木旅游、生态等价值

古树名木是大自然和祖先留下来的宝贵财富，既是林业重要的遗传基因保存库，又是民族历史文化和地域文化"活的见证"。开展古树名木保护与繁育，对于研究东方文化、发展创意产业、维护国家利益具有无可估量的价值。对传承历史文化、保护特殊基因资源、促进生态文明具有重要的现实意义。分

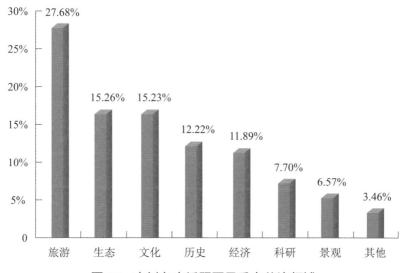

图27 古树名木话题网民重点关注领域

析发现，网民重点关注古树名木的旅游、生态、文化等价值（见图27）。

27.68%网民关注旅游相关话题。许多网民认为古树名木是绝佳的旅游资源，具有独特的观赏价值。千姿百态的古树名木，或潇洒飘逸，或雄浑奔放，或苍劲天骄，或清奇质朴，不仅为众多名胜古迹增辉添彩，还以其古、怪、奇的特点形成特有的景观，使人感受到神奇的自然之美。一株古树就是一处风景，一株古树就有一段传说。其悠久的历史、磅礴的气势、雍容的姿态，让人赏心悦目。

15.26%网民关注生态相关话题。古树名木具有稳固的生态功能，是重要的森林资源。古树名木的一生是与周围环境不断抗争、不断适应的一生，是生物界适者生存的完美体现。它们是森林资源的精华，拥有最优秀的基因，千百年来巍然屹立，与环境完美契合，形成了一个以古树为中心的稳定的生态系统。一个古树的生态价值，就如同一个拥有上百株林木的小森林。

15.23%网民关注文化相关话题。古树名木具有深刻的文化价值，它们历经沧桑，在自然界的严酷竞争中胜出，代表着区域植物最具典型意义的种类，展示了气候、水文、地理、植被、生态等自然环境因子的变迁，是真实历史信息的记录者和传递者。它们多散生于景区、庙宇、祠堂内外、村寨附近，与宗教、民俗文化融为一体，蕴藏着丰富的政治、历史、人文资源，是当地文明程度的标志之一，成为当地的绿色名片。

此外，还有12.22%网民关注历史相关话题，11.89%网民关注经济相关话题，7.7%网民关注科研相关话题，6.57%网民关注景观相关话题等。

（三）过半网民点赞古树名木保护成效

分析发现，59.98%的网民积极评价我国近年来对古树名木的相关工作，29.97%网民保持中立，仅有10.05%网民持消极态度（见图28）。

59.98%网民对古树名木的相关工作持积极态度。古树名木历经百年以上历史，被称作"绿色古董"，是国家森林资源的"瑰宝"之一。近年来，国家林业局、各级地方政府非常重视开展古树名木保护工作。许多地区对古树

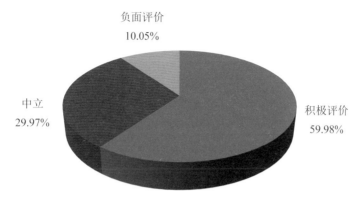

图28 古树名木话题网民态度

名木的保护情况进行了专项调查、挂牌保护。同时开展广泛宣传，成立专门的普查建档、挂牌保护工作组，为古树名木挂牌，组织开展林业严打专项行动，严厉打击非法采伐、移植、破坏古树名木的违法犯罪行为，受到了网民的高度赞扬。

10.05%的网民对我国古树名木工作表示了担忧。主要体现在以下几个方面：

1. 许多地区对于古树名木的保护工作程序过于简单化。部分地区古树名木的保护工作主要靠的是林业管理员的看守，在一定程度上阻止了不法分子及个别人员的乱砍滥伐而造成的损失，但是少数管理员的能力有限，无论是对于其看守范围及看守的时间频率都远远不能满足如今的需求，各种名贵的古树名木常常在一夜之间就变成了木材等。

2. 林业保护的程序工作存在盲点。据林业部门的调查，我国目前所保护的古树名木只是占了现存古树名木的30%多，那么，这就意味着还有大概三分之二的古树名木是处于无人看守的开放状态，针对其古树名木保护中存在的盲点，切实有效地解决古树名木管理所存在的问题，对于古树名木保护管理工作来说已经刻不容缓了。

3. 城市化进程使得古树名木的保护工作愈加严峻。目前许多古树名木

存在树生理机能下降、生命力减弱等一系列问题，随着城市化的发展，同时出现的还有树干周围铺装面积问题，土壤理化性质恶化等问题也频频出现，使得古树名木的生存越加艰难。

（四）网民关注云南、北京、四川等地的古树名木工作

分析发现，网民重点关注云南、北京、四川等地区的古树名木工作。其中，云南、北京的关注度达到了80以上，四川、重庆等地的关注度也在70以上（见表2）。

表2　古树名木工作网民重点关注区域

排名	地 区	关注度
1	云 南	84.67
2	北 京	80.56
3	四 川	74.96
4	广 东	74.94
5	浙 江	74.82
6	重 庆	74.71
7	湖 南	74.31
8	贵 州	74.25
9	江 西	74.01
10	上 海	73.94

网民对云南省古树名木工作的关注度最高，达到了84.67。云南省古树名木数量众多，多年来云南省各级党委、政府和主管部门都非常重视古树名木保护工作。早在1989年云南省林业厅和云南省林学会就组织专家，成立了古树名木编辑委员会，在全省各地林业工作者的协助下，对分布在城镇、旷野、风景名胜区、宗教信仰等地的古树名木进行了现地调查。同时积极开展古树名木的普查、认定，建档造册，使资源情况清楚，保护基础夯实，制定

了保护办法及相应的配套措施，使古树名木的管理保护有操作性，受到了网民的高度关注。

网民对北京市的古树名木工作关注度为80.56。北京的许多古树与帝王有着深厚的渊源，这些古树闪烁着光彩绚丽的历史文化色泽，他们的成长与中国文化的发展同步，在每个发展时期又铭铸时代的印记。近年来，由北京市园林绿化局、首都绿化委员会等单位举办的为每一株古树名木确定唯一的数字化"地址"、为古树名木制作全市统一的"身份证"、为古树名木树碑立传、企业个人认养古树名木等活动受到了网民的高度赞扬。

网民对四川省的古树名木工作关注度为74.96。四川全省共有古树名木16万余株，近年来，四川紧紧围绕全面建成长江上游生态屏障战略目标，按照助推生态文明、建设美丽四川和传承生态文化、巴蜀文明要求，积极加强古树名木保护管理工作，取得了较好成效。

（五）网民的主要建议

古树名木无论是直接价值还是间接价值，都发挥着重大的作用，如何处理这份珍贵的遗产是我们今后必须完成的工作，对此，网民纷纷建言献策。

1. 建立并加强自然保护区的保护。对于古树名木这类不可移动的珍贵财产，易地栽种显然是不合理的，那么就地建立自然保护区来保护古树就显得尤为重要了，通过建立自然保护区还原该区域最原始的一面，通过采取切实有效措施就显得尤为必要。建立自然保护区，有机地还原其生态系统的完整性，并合理地人为调控，使得其发展更为合理，从而保护其物种多样性与生境多样性。加强对现有的自然保护区管理，建立新的自然保护区进行保护，这无疑是解决古树名木保护问题的一个最有效的方法。

2. 建立健全数字化管理格局。定期开展普查，掌握古树名木资源种类、数量、分布状况以及管护经验和存在问题，科学评价古树名木在生态、科研、人文、地理、旅游等方面的价值，为制定古树名木保护措施提供科学依据。如今的林业信息化已经成为了一个必然的趋势，正确运用数字化技术

显得十分重要，可以针对古树名木建立一个数据库，从而全方位地掌握各种物种的全面状况，并利用现代数据分析软件进行分析管理，有针对性地解决每棵古树名木所遇到的问题。计算机网络技术的普及，为古树名木的保护管理提供了简洁而有效的途径，可对古树名木进行精确化、数字化、网络化的呵护，以最大限度地还原这些古树名木的原始生长。

3．设立标牌并健全立法保护机制。对古树名木进行统一认定，统一编号，进行公告，确定其法律地位，并设立标牌。建立健全合理的立法保护机制，最大程度聚集人力物力。有些古树名木周围是庙堂祭祀的地方，人群对古树的伤害也是不容忽视的，对于这些人流较大的地方，更应加强古树的保护，以防止对其造成损伤。而对于已经伤害的，可采取一系列的技术措施，如加大对古树名木的残补复壮以挽救其生命。可邀请有关专家，对其危害程度做一个合理的分析，确保其受到最大程度的保护。

4．加强人们保护古树名木的思想教育。不可否认，目前群众的古树名木保护意识还是相对薄弱的，甚至有的仅仅停留在不能砍伐树木上，而在其他方面仍然存在着盲区，加强人们保护古树名木思想教育也是必需的。负责思想教育的部门，可以利用各种媒介对其进行保护。面对着如今互联网技术的普及，网上教育无疑以低成本高效益的优点而成为首选。利用现代网络工具如微博、微信等对其进行宣传教育是合理有效的办法。除此，开设保护古树名木的知识讲座、张贴海报宣传也是不错的选择。

国外之贵 一等奖

◎ 南非六千年猴面包树

◎ 英国罗宾汉『大橡树』

◎ 墨西哥图勒树

南非六千年猴面包树

【评语】南非这棵猴面包树有6000年树龄，是世界上最古老的树之一，
        果实可以为猴子等动物提供食物，中空的树干还可以做酒吧。

在南非林波波省（Limpopo）的阳光农场有一棵6000年树龄的猴面包树，堪称世界上最古老的树木之一，也是南非林波波省最具吸引力的景点。它巨大的树干周长超过33米，盘根错节的根枝长达23米。别具特色的是，游客可以在有6000年历史的中空的树干中喝一杯饮料，所以这棵猴面包树也被

称为酒吧树。

　　猴面包树可以自然分裂成两个分支树干，这棵猴面包树在1000岁的时候，每一个分支在内部形成一个空间，两个空间由一个通道相连接，于是在1933年就形成了这个猴面包阳光树酒吧，室内的天花板高达4米，两旁放着木制长椅。酒吧内的书架上摆放了许多有关历史的小玩意，供游客们了解其中的故事。丰富的枝叶为室外的餐厅区域提供了充足的遮阴区，安放了许多为特殊庆典和餐饮活动设计的桌子。现在它仍然可以容纳15位幸运的游客在其中享受畅饮。

　　猴面包树又叫波巴布树、猢狲木或酸瓠树，是大型落叶乔木，主干短，分枝多。猴面包树的树冠巨大，树杈千奇百怪，酷似树根，树形壮观，果实巨大如足球，甘甜汁多，是猴子、猩猩、大象等动物最喜欢的食物，"猴面包树"的称呼由此而来。南非因为其猴面包树在世界范围内所占的比例大而闻名。

（李　楠）

　　猴面包树：大型落叶乔木，果实巨大如足球，甘甜汁多，是猴子、猩猩、大象等动物最喜欢的食物。当它的果实成熟时，猴子就成群结队而来，爬上树去摘果子吃，"猴面包树"的称呼由此而来。

　　猴面包树分布于非洲，地中海、大西洋和印度洋诸岛上及澳洲北部，猴面包树的木质多孔，对着树干开一枪，子弹能穿透而过。

　　猴面包树是喜温的热带树种，能忍受最高平均温度40℃及以上，极端最低温度0℃，霜冻对该树的影响极大，自然

分布区的年平均温度20～30℃，该树耐旱力极强，适生区的年平均降水量300～800毫米，湿热气候条件下或降水量1000毫米以上生长较差。常见海拔高度450～600米，但在埃塞俄比亚及其边缘分布区海拔为1000～1500米。

适合各种类型土壤，从黏质土、砂土到各种土壤，但以石质壤土和砖红壤为最常见，在酸碱性土壤、沙壤土以及排水良好的肥沃土壤上，能够很好地生长。对于干旱和火灾有极强的抵御力，如在旱季通常通过落叶降低水分的消耗，貌似橡皮的树皮火灾危害后即可再生。所以猴面包树不宜生长在有霜冻和具有热带雨林气候特征的湿热地区。

猴面包树还是植物界的老寿星之一，即使在热带草原那种干旱的恶劣环境中，其寿命仍可达5000年左右。据有关资料记载，18世纪，法国著名的植物学家阿当松在非洲见到一些猴面包树，其中最老的一棵已活了5500年。由于当地民间传说猴面包树是"圣树"，因此受到人们的保护。

不管长在哪儿的猴面包树，树干虽然都很粗，但猴面包树为了能够顺利度过旱季，木质非常疏松，可谓外强中干、表硬里软。这种木质最利于储水，在雨季时，它就利用自己粗大的身躯和松软的木质代替根系，大量吸收并贮存水分。它的木质部像多孔的海绵，里面含有大量的水分。每当旱季来临，为了减少水分蒸发，它会迅速脱光身上所有的叶子。当它吸饱了水分，便会长出叶子，开出很大的白色花。据说，它能贮几千千克甚至更多的水，简直可以称为荒原的贮水塔。

英国罗宾汉"大橡树"

【评语】罗宾汉的故事在英国家喻户晓，英国这棵有1000岁左右树龄的
大橡树据说与侠盗罗宾汉有关，充满了传奇色彩。

罗宾汉"大橡树"位于英格兰中部的诺丁汉郡，在舍伍德森林国家自然
保护区中。大橡树是舍伍德森林里的地标性景观之一。人们于维多利亚时期
发现舍伍德，自那以后，大橡树就令人神往。大橡树凭借1000岁左右的高龄

罗宾汉"大橡树"

成了英格兰最大最老的树木之一。

英国有一个家喻户晓的中世纪传奇英雄——罗宾汉,他的故事可以说是一部"英国水浒传",英格兰中部的诺丁汉郡一带就是当年罗宾汉活动的地方,诺丁汉城北30千米的山林地区是当年绿林好汉们的天下。爱德温斯统小村教堂相传是罗宾汉与他的压寨夫人举行婚礼的地方,再往前就是当年好汉们神出鬼没的舍伍德森林,森林中的大橡树下就是罗宾汉与好汉们碰头议事之处。以罗宾汉故居闻名于世。如今的罗宾汉是活跃在小说与银屏之上的英

传说罗宾汉的人马曾在大橡树中空的树干中躲避追捕

雄。据当地传说,罗宾汉的人马曾在大橡树中空的树干中躲避追捕。6个世纪以来,罗宾汉的传说已迷倒了几代人。罗宾汉的传说最早经民谣和民间故事的形式传播开来,早于印刷书籍、电影和电视,有关罗宾汉的文字记录始见于1400年左右的一首诗。直至现在,我们对中世纪传说的全部了解都来自于6本手稿。后世的作家通过增设新的人物和情节,大大丰富了手稿故事的

舍伍德森林国家自然保护区一角

原始风貌。最近，研究者于伊顿公学图书馆中发现了一个550年前的便条。便条显示，"根据时下流行的观点，某个名叫罗宾汉的逃犯袭扰了舍伍德和英格兰其他的一些地区，并制造了连续的抢劫事件"。

自上一个冰河世纪结束，大约10000年前，这里有一片未被破坏的林地。中世纪时期，舍伍德覆盖了10万英亩，几乎占整个郡县的1/5，它是皇家狩猎森林，国王与贵族在此狩猎、猎鹰，这片森林受森林法严格保护。不同于大多数的景观，舍伍德的橡树、林子和石楠地与人世隔绝达数个世纪。经过数百年来的进化，舍伍德已发展成为物种丰富的生态系统。这里最稀有的生物资源就是寄生于古橡树朽木上的无脊椎小虫，它们是逾百种鸟类的食物。舍伍德是生命的摇篮，超过200种蜘蛛栖息于此。

舍伍德森林自20世纪50年代起就成为了具有科学价值之地，并于2002年成为国家自然保护区，其古老而未被干预的橡树、桦木和石楠成为极为稀有

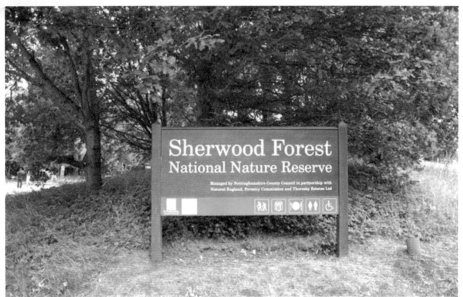

舍伍德森林国家自然保护区路牌

舍伍德森林国家自然保护区标牌

的珍贵物种。林中的橡树是欧洲最古老的树木群之一，它们中大约900棵已生长了超过5个世纪。舍伍德地区的生态系统复杂，物种资源丰富，是野生动植物的天堂，孕育了1500种甲虫和200种不同类型的蜘蛛。

三条彩色标注的小径始于游客中心外。用此地图，沿着有彩色标记的顺时针路牌游览，可以完成全园游览并回到游客中心。最短路线是指向大橡树的，这条小径路面平整，适合婴儿车和轮椅行走。稍长些的绿色小径带你穿过古老的石楠地，沿途可观赏牛羊食草的景

致。最长的红色线路也可带你走过石楠地，然后穿过一个老橡树园，那里有很多行走的雄鹿和雕塑般的古树供您欣赏。

（林 逸 李 慧 国家林业局）

橡树： 又称栎树或柞树，壳斗科植物的泛称，包括栎属、青冈属及柯属的种，通常指栎属植物，非特指某一树种。其果实称橡子，木材泛称橡木。橡树是世上最大的开花植物；生命期很长，有的寿命达400岁。果实是坚果，一端毛茸茸的，另一头光溜溜的，好看，也好吃（人一般不吃），是松鼠等动物的上等食品。研究发现，位于美国加利福尼亚州的一棵侏鲁帕橡树已经生存了至少1.3万年，可能是世界上已知最为古老的活生物。新华社2001年4月30日上午专电，经过民众的网上投票，橡树已被选为美国国树。

橡树抗逆性强，耐干燥、高温和水湿，抗霜冻和城市环境污染，抗风性强，喜排水良好的土壤，但在黏重土壤中也能生长。橡树喜沙壤土或排水良好的微酸性土壤，对贫瘠、干旱、偏酸性或碱度土壤适应能力强。橡树生长速度中等，在潮湿、排水良好的土壤上每年可长高60厘米。

另外，橡树防潮、防虫蛀，可以保证在阴暗潮湿的酒窖中葡萄酒不会随着岁月一同流逝。这种纯天然的材料，对人体无任何危害，因此被广泛用于葡萄酒和香槟酒的酒塞生产中，其历史已有一百多年。

在欧美，橡树被视为神秘之树。传说这种高大粗壮树

37

木的掌管者是希腊主神宙斯、罗马爱神丘比特以及灶神维斯塔。传说，在宙斯神殿里的山地森林里，矗立着一棵具有神力的参天橡树，橡树叶的沙沙声就是主神宙斯对希腊人的晓谕。许多国家皆将橡树视为圣树，认为它具有魔力，是长寿、强壮和骄傲的象征。橡树材质坚硬，树冠宽大，有"森林之王"的美称。人们常把红丝带系在橡树上来表示对远方亲人的盼望与思归。

墨西哥图勒树

【评语】墨西哥柏树树干的坚硬程度位居世界之首，被联合国教科文组织列为世界遗产名录。它也是生命之树，很多动物会在它的树干上活动。

图勒树是一棵墨西哥柏树，树干的坚硬程度位居地球所有树木之首。树高35米，树干围长有36米。它坐落于墨西哥瓦哈卡州的圣玛利亚—德尔图

勒，2001年被联合国教科文组织列为世界遗产名录。

科学家们曾以为它是由很多树盘结在一起形成的，但是经过DNA检测，证明它的的确确是一个独立的"大家伙"。它的树枝长度相当于两个网球场。在它面前的圣母升天教堂也显得十分矮小。

图勒树也被称之为"生命之树"，当地的很多动物都会在它多瘤的树干上活动，包括美洲豹。

1992年，为了缓解汽车尾气带来的危害和地下水位下降造成的影响，墨西哥政府决定将泛美公路改道，同时批准了一项用于为树打井的拨款。

墨西哥柏树分布主要为北起墨西哥北部的奇瓦瓦省，沿马德雷山脉向南延伸，经杜兰戈、圣路易斯波托西、米乔坎、墨西哥、普埃布拉、维拉克鲁斯等省直到哈帕斯省和危地马拉南部及洪都拉斯。水平分布在北纬15°～27°，西经88°～105°，垂直分布为海拔1300～3300米。

（刘　莉）

知识链接

墨西哥柏：柏科柏木属的一种常绿乔木，树皮红褐色，浅根性，具明显的多型现象，有数个栽培变种。

生长习性。喜温暖湿润气候，抗寒抗热抗旱能力低于柏木，在极端低温低于-8℃时即受冻害，在高温多雨和干热河谷气候下生长不良，幼林风倒现象严重。适生区年均温度10～20℃，年降水量900～2200毫米。对土壤要求不严，耐瘠薄，在深厚疏松肥沃之地生长最好。喜中性至微碱性（pH6～8）土壤，对石灰岩山地、紫色土等造林困难地有突出适应能力。在低海拔地区生长不良，分枝严重。

观赏应用。亚热带中高山的优良用材、水土保持、荒山绿化和观赏树种。生长快，明显超过柏木。木材比重0.43，耐久用，抗白蚁，供建筑、薪材和造纸等用。

国外之贵

二等奖

◎ 英国伦敦『古森林』

◎ 法国千年橡树里藏着小教堂

◎ 希腊沃维斯橄榄树

◎ 波兰鲍尔泰克橡树

◎ 塞拉利昂弗里敦木棉

英国伦敦"古森林"

【评语】英国伦敦这片"古森林"拥有50000多棵古树，是欧洲重要的景点，对于维护生态系统的平衡有着重要的文化意义。

2010年7月，我们考察了英国伦敦北郊一片神奇的"古森林"，名为"埃平森林"（Epping Forest）。这片森林的面积达2476公顷，有50000多株古老大树和大量的朽木、灵芝和无脊椎小虫。埃平森林以其丰富的野生动植物闻名于世，这里被评为具特殊科学价值地和特殊保育区，这一切主要归功

伦敦"古森林"——埃平森林一角

于老树的存在。凭借着超过50000棵的老树，埃平森林成为欧洲最重要的景点之一。

　　历史上，埃平森林是英国国王和女王的皇家狩猎场，伊丽莎白女王狩猎场附近的Barn Hoppitt区就是一个典型代表。仅这一个区内就有37株鹅耳枥和343株橡树，这使得该区成为全国文明的古树址。此处可见的部分橡树是从亨利八世在位时期的橡子中长出的。这些老树中大多数是山毛榉、鹅耳枥

人们在伦敦"古森林"——埃平森林参观考察

或是橡树，也包括一些白蜡树、酸苹果、田野枫和花楸。

　　老树身上活着的部分及其脱落的树枝、中空树干和枝干都有朽木。这些朽木是甲壳虫、苍蝇、蚂蚁、黄蜂、潮虫、蜈蚣和千足虫的重要栖息地。在埃平森林中发现的好多昆虫品种在全英国范围内都很稀有，包括磕头虫、鹿角虫及其幼虫。这些昆虫都以死木或朽木为食物和居所。

　　老树对林地有重要价值，它是保存历史物种并保障未来生物多样性的关

键。老树上的那些树洞、裂痕和中空的树干为蝙蝠和鸟类提供栖息之所。死木中昆虫的幼虫成为了鸟类的食物。老树对埃平森林的生态系统有着非同寻常的文化意义。老树通常高大或高龄，然而其最重要的特征则是具有"远古属性"。

照顾古树是一项很有挑战性的工作。埃平老树的主要威胁来自幼树的竞争、老龄枝梢的易分裂性、根部挤压过紧、周边树形成的遮阴、污染和气候变化。为保老树健康生长，死木应被留在林地地表。死木中的养分分解后回到森林土壤，从而再次被活树的根吸入。这些老树被谨慎监测，许多老树享有独立的管理方案。老树的健康报告和管理回馈决定了采用何种技术来延长它们的寿命。

减少古树的冠有助于防止树木分裂。在选中的树上进行冠减少以防止形成"头重"局面，此举亦能促使树木由下方枝干生长。

伦敦市掌管着众多位于伦敦附近的开阔空间、公园和花园，埃平森林

就是这些景观之一。伦敦得以维持其世界级城市荣誉，部分得益于埃平森林。每一片开阔空间都有着不可磨灭的生态和社会价值，都为提升公众生态环境、保护野生生物及历史景观做出了卓越贡献。

（林　逸　李　慧　国家林业局）

知识链接

埃平森林：是伦敦地区最大的公共开放空间，占地近6000亩，包括林地、草地、河流、沼泽和池塘等。因为是珍贵的野生动物栖息地，埃平森林被指定为具有特殊科学价值的保护区。同时，它也是人们休闲放松的绝佳去处，人们可在此进行骑车、骑马、露营等活动。

法国千年橡树里藏着小教堂

【评语】法国这棵有800～1200岁树龄的橡树，虽遭雷击但依然生机勃勃，成为了"橡树教堂"，见证了很多的历史、战争与灾难。

这棵藏着小教堂的橡树坐落于法国的阿鲁威尔——贝尔佛斯村，树龄在800～1200岁，是法国最古老的树。它的树高达到15米，底部直径16米。

17世纪后期的一个风雨交加的夜晚，这颗橡树被雷电击中，树的中心被烧毁，但奇迹的是它居然没死。新的枝叶持续生长，还结了很多的果实。

最美古树名木
国外之贵

后来，当地人将已经烧毁的树中心改造成如今的小教堂，顺着外面搭设的楼梯上去，还有一个观景台。古老大树的内部已经完全空了，虽然大部分被摧毁，但是人们利用一些材料进行了修补。整棵树由很多的钢架支撑，使用了近30000颗螺钉固定，防止它承受不住过重的压力而崩溃。它看上去像是西方童话故事里的神奇木屋，曾经一度成为法国某些电影中的一个场景。同时，也见证了更多的历史、战争与灾难。

直到今天，这棵橡树依旧是生机勃勃，枝叶茂盛，当地人一直将这"橡树教堂"用来作为宗教的活动场所。

（王若涵）

这是在法国的已知最古老的树木之一。教堂在1696年这棵大树被雷击中后建成，才有了这个童话般的Chêne Chappelle教堂，或称橡树教堂。由于年代久远，加上橡树教堂多年来承受着许多慕名而来的游客，橡树教堂现在非常虚弱。

希腊沃维斯橄榄树

【评语】 希腊这棵有两三千年树龄的橄榄树可能是橄榄树中最古老的一株，却还能产出橄榄，实属生命的奇迹。

　　这株古老的橄榄树坐落于希腊的克里特岛。它是地中海七大橄榄树之一，这些树的树龄至少都在2000～3000年。其确切年龄已无法考证，但是沃

最美古树名木

国外之贵

沃维斯可能是这些橄榄树中最古老的一株，估测树龄已经超过3000年。此树现在还在产出橄榄，其质量颇受赞誉。这棵橄榄树很强壮，具有抗旱、抗病和防火的属性，这也是它得以长寿的原因。

（邓金阳　美国西弗吉尼亚大学）

知识链接

橄榄树： 俗名齐墩果，橄榄科，橄榄属亚热带常绿乔木，耐旱，耐寒，是生长能力很强的长寿树种。全世界橄榄树的栽培品种有500余种。我国广泛引种，栽植在长江流域以南至广东、广西等15个省区，以湖北、四川、云南、贵州及陕西等省为最多。

树皮粗糙，老时深纵裂，小枝四棱形。花期4～5月，果熟期10～12月。喜光树种，有一定耐寒性，对土耐旱，耐寒，是生长能力很强的长寿树种。土壤适应范围较广，能生长在含钙较多的石灰质土和黏壤沙质土中。橄榄树结的橄榄果实食用、药用皆宜；橄榄油被人们誉为"液体黄金"，中医素来称橄榄为"肺胃之果"。橄榄树枝叶茂密，可作为庭荫树、行道树、观果树和油料经济林栽培。

橄榄树总是和宗教、神话与传说紧密相连，在希腊与罗马的创始神话中也有它的身影。在最初的雅典城邦保护神争夺战中，海神波塞冬用三叉戟敲击海面，海面上跃出一匹灵动的骏马，而智慧女神雅典娜则为民众带来了橄榄树，从而在比试中获胜，成为城邦的主神。橄榄油能点亮夜空、抚慰创伤，而且橄榄是珍贵的食物，既醇厚美味又为人们带来无

尽能量。罗马人相信神的子孙及永恒之城的缔造者罗穆卢斯和瑞摩斯，是透过橄榄树的枝叶，第一次睁眼看到了世界。

橄榄树的发现可以追溯到公元前12世纪。一般认为，小亚细亚是人们最初栽种橄榄树的地方。大约在2500年前，橄榄树被带到希腊大陆，并被当地人广泛栽种，将其视为重要的农业作物。当时，梭伦还颁布了法令来规范橄榄树种植。之后，橄榄树的种植在地中海地区传播开来，并被带到了黎波里、突尼斯与西西里岛。从那里开始，橄榄树又被传播到意大利南部，之后遍布整个半岛。在这之后，罗马人又把橄榄树带到了地中海周边国家，随后又被带到伊比利亚半岛的中部和包括葡萄牙在内的地中海沿岸地区。阿拉伯人还将他们的橄榄树品种带到西班牙南部，这极大影响了橄榄树种植的传播。随着美洲大陆的发现，橄榄树种植不再拘泥于地中海地区。第一批橄榄树被从塞维利亚带到了西印度群岛，随后到了美洲大陆。1560年，墨西哥开始大规模种植橄榄林，随后发展到秘鲁、加利福尼亚、智利与阿根廷。在近现代，橄榄树于地中海之外继续着传播的脚步。在远离其发源地的南非、澳大利亚、日本与中国，也遍布橄榄树的足迹。

波兰鲍尔泰克橡树

【评语】波兰这棵树龄700年的橡树，受到历代国王的喜爱。它曾经被烧毁和雷击，但经过人类的救治依然得以生存。

鲍尔泰克橡树是波兰最著名的树，它生长在波兰圣十字省的新巴克夫和阿格斯基之间，树龄700年，30米高，树干周长达13.4米。

20世纪初，这棵大树曾经有部分被烧毁，十几年后人们用混凝土填充被

烧毁的树干部分把它加固。过了40年左右，人们将填充物换了，不再使用石灰岩，而是使用树脂，这是一种很大的进步，如此可以更好地保护橡树。如今的橡树树干只有边缘的十几厘米是自己真正的"身体"，剩下的都是人类为保护它而赐予它的。1991年，大树再次被雷电击中后，不得不被重新加固。

传说中，这棵古树特别受到历代国王的喜爱。例如波列斯瓦夫三世和卡齐米日大帝等国王，每逢打猎的时候都喜欢在树下扎营。瓦迪斯瓦夫·约盖拉曾在树下祈祷。据说扬三世·索别斯基曾把一支火绳枪、一把土耳其军刀和一个红酒瓶埋藏在树洞里。

在大树的旁边还长着一棵"小鲍尔泰克"，这棵小橡树是在1966年为纪念波兰建国1000周年而栽种的。

鲍尔泰克橡树自1952年以来一直被认定为自然遗迹。一年四季去参观鲍尔泰克橡树，它都会展现不同的景色。

（张　帆）

最美古树名木

国外之贵

波兰：波兰共和国，简称"波兰"，是一个位于中欧、由16个省组成的民主共和制国家。东与乌克兰及白俄罗斯相连，东北与立陶宛及俄罗斯的加里宁格勒州接壤，西与德国接壤，南与捷克和斯洛伐克为邻，北面濒临波罗的海。

波兰在历史上曾是欧洲强国，后国力衰退，并于俄普奥三次瓜分波兰中亡国几个世纪，一战后复国，但不久又在二战中被苏联和德国瓜分，冷战时期处于苏联势力范围之下，苏联解体后，加入欧盟和北约。

波兰是一个发达的资本主义国家，近年来无论在欧盟，还是国际舞台的地位都与日俱增，自1918年11月11日恢复独立以来，经过90年的高速发展，特别是在21世纪初的几年里，波兰已经成为西方阵营不可或缺的一份子。

国内许多景点被列入世界文化遗产和世界自然遗产名录，如维利奇卡盐矿、奥斯威辛集中营及比亚沃韦扎森林等。此外，波兰还以其丰富的历史文化和优良的人文环境著称。闻名世界的诺贝尔奖得主居里夫人、伟大作曲家和钢琴家肖邦以及现代天文学的创始人哥白尼均出生于波兰，而五年一度的肖邦国际钢琴比赛是音乐界的一大盛事，被誉为世界最具权威的钢琴比赛之一。

塞拉利昂弗里敦木棉

【评语】塞拉利昂这棵500岁树龄的木棉，是佛里敦一个具有历史纪念意义的标志性符号，与美国独立战争有关。

这棵塞拉利昂最著名的木棉树位于首都弗里敦市区中心的交叉路口，有30多米高，十几抱粗，虽逾500岁高龄，依然遒劲挺拔，枝叶繁茂，生机勃勃。

国外之贵

　　它生长在弗里敦一个历史最悠久的地区，是弗里敦的一个具有历史纪念意义的标志性符号。据说，一群曾因参加美国独立战争而获得自由身份的非裔美国黑奴于1792年在弗里敦定居，这棵树也因此闻名遐迩。按照传统，感恩节这群获得自由的黑奴步行前往木棉树，在树下举行庆祝活动。他们在活动中祈祷和高唱圣歌，感谢上帝赐予他们免费的土地。

（潘　帅）

知识链接

木棉： 木棉又名红棉、英雄树、攀枝花、斑芝棉、斑芝树、攀枝，属木棉科，落叶大乔木，原产印度。木棉是一种在热带及亚热带地区生长的落叶大乔木，高10～25米。树干基部密生瘤刺，以防止动物的侵入。木棉外观多变化：春天时，一树橙红；夏天绿叶成荫；秋天枝叶萧瑟；冬天秃枝寒树，四季展现不同的景象。木棉花橘红色，3～4月开花，先开花后长叶，树形具阳刚之美。木棉的花大而美，树姿巍峨，可植为园庭观赏树、行道树。

　　喜温暖干燥和阳光充足的环境。不耐寒，稍耐湿，忌积水。耐旱，抗污染、抗风力强，深根性，速生，萌芽力强。生长适温20～30℃，冬季温度不低于5℃，以深厚、肥沃、排水良好的中性或微酸性砂质土壤为宜。

　　产云南、四川、贵州、广西、江西、广东、福建、台湾等省区亚热带。生于海拔1400～1700米以下的干热河谷及稀树草原，也可生长在沟谷季雨林内，也有栽培作行道树的。印度、斯里兰卡、马来西亚、印度尼西亚至菲律宾及澳大利

亚北部都有分布。

木棉树形高大雄伟，春季红花盛开，是优良的行道树、庭荫树和风景树，可园林栽培观赏。木棉生长迅速，材质轻软，可供蒸笼、包装箱之用。木棉纤维短而细软，无拈曲，中空度高达86%以上，远超人工纤维（25%～40%）和其他任何天然材料，不易被水浸湿，且耐压性强，保暖性强，天然抗菌，不蛀不霉，可填充枕头、救生衣。木棉的树皮广东作海桐皮入药，称广东海桐皮。味苦，性平，功能宣散风湿。

木棉纤维被誉为"植物软黄金"，是目前天然纤维中较细、较轻、中空度较高、较保暖的纤维材料。

从古至今，西双版纳的傣族对木棉有着巧妙而充分的利用：在汉文古籍中曾多次提到傣族织锦，取材于木棉的果絮，称为"桐锦"，闻名中原；用木棉的花絮或纤维作枕头、床褥的填充料，十分柔软舒适；在餐桌上，用木棉花瓣烹制而成的菜肴也时有出现；此外，在傣族情歌中，少女们常把自己心爱的小伙子夸作高大的木棉树。

国外之贵

三等奖

◎ 美国吊灯树

◎ 日本巨柳杉

◎ 英国利郎格尼格维紫杉

◎ 伊朗塞意阿巴库树

◎ 智利山达木树

◎ 美国谢尔曼将军树

◎ 美国怡和杜松

美国吊灯树

【评语】美国的这棵古树外形奇特，很像吊灯，树木中央砍出一个可以
通行汽车的树洞，在当地拥有这棵树的公园是一个著名的旅游
胜地。

位于美国加利福尼亚州莱格特"车穿树"公园里的吊灯树高84.12米，树
种属高海岸红杉树。该树的树基处被砍出了一个1.83米宽、2.1米高的树洞，可

最美古树名木

国外之贵

供汽车穿过。吊灯树胸径4.88米，树上指示牌显示树高96米、6.4米宽。

此树之干极像吊灯，故由此得名。据说此树是由查理·安德伍德于20世纪30年代初雕刻而成的。

枝形吊灯树太高了，用两张照片才能显示全貌。公园里除了枝形吊灯树外，旅客可以在树林下漫步。肚子饿了，可以在野餐区里进行野炊。公园里还有礼品店。公园除了感恩节和圣诞节以外，全年开放。

（邓金阳　美国西弗吉尼亚大学）

知识链接

红杉：又名海岸红杉、常青红杉、北美红杉、加利福尼亚红杉，通称红杉。红杉分布于美国加利福尼亚州和俄勒冈州海拔1000米以下，南北长800千米的狭长地带。在中国甘肃、云南、四川境内亦有分布。成熟的高达60～100米，寿命也特别长，有不少已有2001～3000年的高龄。红杉树生长神速，成活率高，而且树皮厚，具有很强的避虫害和防火能力。所以它被公认为世界上最有价值的树种之一。红杉喜光照，适应性强，能耐干旱气候及土壤瘠薄的环境，能生于森林垂直分布上限地带；在气候温凉、土壤深厚、肥润、排水良好的山坡地带生长迅速，宜作分布区的造林树种。

现仅存北美红杉一种，分布于美国的加利福尼亚州北部和俄勒冈州西南部的狭长海岸及内华达山脉的西部，为常绿大乔木，高可达110米，胸径可达8米，是世界上最高的树种之一。最早出现在侏罗纪，广泛见于东亚、北美和欧洲中生代晚期和古近纪、新近纪地层。中国产于黑龙江、吉林、辽宁、内蒙

古、新疆、贵州和山东等地，在云南也有发现。

红杉是美洲一些国家古树名木中的佼佼者。美国加利福尼亚州北部海岸存在着一些原生红杉，树龄大约都已达2000年至3000年，树高80米左右，胸围20余米，最高大的红杉高约104米，直径6米多，因此被称为"长叶世界爷"。在那绵亘四百多英里的狭长地带里，就是这些"林中之王"组成了一座座红杉公园，人称"红杉帝国"。红杉高寿在3000年以上，如有棵"格特兰将军"的红杉，树龄已有3500年，高81.5米，胸围38.6米，它的材积足可建造50栋6个房间的住宅。

在美国加州有一处红杉国家公园，位于内华达山脉，其中有一棵巨型红杉号称世界第二大的巨树，因巨杉树高耸直入天际，抬起头来似乎无法一眼看尽，像是仰之弥高的伟人，因此得到了"总统树"的美名。"总统树"树龄至少有3200年。巨型红杉树的高度最高可达75.28米以上，有20层楼那么高。它们巨大的体积使它们能够在使许多森林竞争者灭亡的自然灾难中幸存下来，它们不会受到风暴的影响，可以抵住森林大火，甚至在被闪电击中后也能生存。

日本巨柳杉

【评语】 日本这棵大概有2000年树龄的柳杉是日本最大的针叶树，也有专家认为它有7000年以上的树龄，它的存在使当地成为了世界联合国教科文组织世界遗产地。

日本巨柳杉，位于日本屋久岛，树高83英尺（约合25.3米），周长53英尺（约合16.2米），是岛上最老最大的柳杉，也是日本最大的针叶树。它生长在一片雾气笼罩的古老森林，森林北面是日本屋久岛的最高峰，它的存在是屋久岛成为世界联合国教科文组织世界遗产地的一个重要原因。

对于它的树龄，一直都没有明确结果，因为树心腐蚀严重，看不清年轮，因此人们很难得知它的确切年龄。据估算，这棵柳杉的树

龄大概有2000年，可是也有一些专家认为它的树龄可能超过了7000岁，甚至老过美国的玛士撒拉树。

（邓金阳　美国西弗吉尼亚大学）

柳杉：又名长叶孔雀松。乔木，高达40米，胸径可达2米多，树冠狭圆锥形或圆锥形；树皮红棕色，纤维状，裂成长条片状脱落；大枝近轮生，平展或斜展；小枝细长，常下垂，绿色，枝条中部的叶较长，常向两端逐渐变短。叶钻形略向内弯曲，先端内曲，四边有气孔线，长1～1.5厘米，果枝的叶通常较短，幼树及萌芽枝的叶长达2.4厘米，四面有气孔线。可作观赏植物，也可药用。

中等喜光；喜欢温暖湿润、云雾弥漫、夏季较凉爽的山区气候；喜深厚肥沃的沙质壤土，忌积水。生于海拔400～2500米的山谷边、山谷溪边潮湿林中、山坡林中，并有栽培。柳杉幼龄能稍耐阴，在温暖湿润的气候和土壤酸性、肥厚而排水良好的山地生长较快；在寒凉较干、土层瘠薄的地方生长不良。柳杉根系较浅，侧根发达，主根不明显，抗风力差。对二氧化硫、氯气、氟化氢等有较好的抗性。

常绿乔木，树姿秀丽，纤枝略垂，树形圆整高大，树姿雄伟，最适于列植、对植，或于风景区内大面积群植成林，是一个良好的绿化和环保树种。浙江天目山的大树华盖景观主要由柳杉形成，从山脚禅源寺到开山老殿，沿途柳杉保存

完好，胸径在一米以上的就有近400株。在庭院和公园中，可于前庭、花坛中孤植或草地中丛植。柳杉枝叶密集，性又耐阴，也是适宜的高篱材料，可供隐蔽和防风之用。此外，在江南，柳杉自古以来常用为墓道树。

柳杉可作庭荫树，或作行道树。材质轻软，纹理直，结构细，加工略差于杉木，可供建筑、桥梁、造船、造纸等用；枝叶和木材加工时的废料，可蒸馏芳香泊；树皮入药，治癣疮；也可提制栲胶；并作绿化观赏树种。

英国利郎格尼维紫杉

【评语】英国这棵三四千岁树龄的紫杉虽然主干死掉了，但支干仍然活着，足见其生命力的顽强。

　　这棵英国威尔士利郎格尼维的一棵古老紫杉，萌芽于英国铜器时代，年龄3000～4000岁。利郎格尼维紫杉能活那么久是因为树干中长出的新树根与其纠缠在一起。主干死掉后支干仍然活着。分支还能着根于腐烂的树干中，

或者向下延伸进入树基周围的土壤中。

　　紫杉由于生长着与红豆一样的果实，隶属于红豆杉科红豆杉属，是第三纪子遗的珍贵树种。其材质优良，纹理通直，结构致密，富弹性，力学强度高，具光泽，有香气，耐腐朽，不易开裂反翘，不含松脂，边材黄白色，心材紫赤褐色（紫杉因此而得名）。红豆杉属植物是一类古老的植物类群，全世界有11种，分布于北半球的温带至热带地区。从红豆杉的地域分布上看，美国、加拿大、法国、印度、缅甸和中国等地都有分布，但属亚洲的储量最大。

（杨　华）

知识链接

　　紫杉（东北红豆杉）：乔木，高达20米，胸径达1米；树皮红褐色，有浅裂纹；枝条平展或斜上直立，密生；小枝基部有宿存芽鳞，一年生枝绿色，秋后呈淡红褐色，二、三年生枝呈红褐色或黄褐色；冬芽淡黄褐色，芽鳞先端渐尖，背面有纵脊。叶排成不规则的二列，斜上伸展，约成45度角，条形，通常直，稀微弯，长1～2.5厘米，宽2.5～3毫米，稀长达4厘米，基部窄，有短柄，先端通常凸尖，上面深绿色，有光泽，下面有两条灰绿色气孔带，气孔带较绿色边带宽二倍，干后呈淡黄褐色，中脉带上无角质乳头状突起点。雄球花有雄蕊9～14枚，各具5～8个花药。种子紫红色，有光泽，卵圆形，长约6毫米，上部具3～4钝脊，顶端有小钝尖头，种脐通常三角形或四方形，稀矩圆形。花期5～6月，种子9～10月成熟。

　　产于吉林老爷岭、张广才岭及长白山区海拔500～1000米、气候冷湿、酸性土地带，常散生于林中。山东、江苏、

江西等省有栽培。日本、朝鲜、俄罗斯也有分布。

边材窄，黄白色，心材淡褐红色，坚硬、致密，具弹性，有光泽及香气，少反挠，少干裂、比重0.51。可供建筑、家具、器具、文具、雕刻、箱板等用材；心材可提取红色染料。种子可榨油；木材、枝叶、树根、树皮能提取紫杉素，可治糖尿病；叶有毒，种子的假种皮味甜可食。可作东北及华北地区的庭园树及造林树种。

伊朗塞意阿巴库树

【评语】伊朗这棵有4000年树龄的柏树具有很强的宗教意义，在伊朗人
民心中占有重要的地位。

　　塞意阿巴库树是一棵4000岁的古柏树，生长在伊朗的阿巴库，它又被称
作索罗亚斯德塞意。这种树在所有伊朗人的心目中具有特殊地位，它具有极
强的宗教意义。

　　伊朗高原地处亚热带大陆的内部，属于亚热带大陆性干旱与半干旱气
候。干旱气候的形成是由于深居内陆距海远或因有山地阻挡，湿润的海洋气

流难以到达，又兼这里地处亚热带，故夏季高温，冬季温和。半干旱气候属于由干旱气候向其他气候的过渡类型。

（王明伟）

伊朗：位于亚洲西部，属中东国家，古时称之为"波斯"。伊朗中北部紧靠里海、南靠波斯湾和阿拉伯海。伊朗东邻巴基斯坦和阿富汗，东北部与土库曼斯坦接壤，西北与阿塞拜疆和亚美尼亚为邻，西接土耳其和伊拉克。国土面积约164.82万平方千米，世界排名第十八。

伊朗是亚洲主要经济体之一，经济实力较强。伊朗经济以石油开采业为主，为世界石油、天然气大国，地处世界石油、天然气最丰富的中东地区，石油出口是经济命脉，石油生产能力和石油出口量分别位于世界第四位和第二位，是石油输出国组织成员。伊朗的石油化工、钢铁、汽车制造业发达，还有电子工业、核工业、计算机软硬件业。

伊朗是著名的文明古国之一。勤劳、勇敢的波斯人创造了辉煌灿烂的文化，特别是在医学、天文学、数学、农业、建筑、音乐、哲学、历史、文学、艺术和工艺方面都取得了巨大成就。大医学家阿维森纳在公元11世纪所著的《医典》，对亚欧各国医学发展有着重大影响。伊朗人修建了世界上最早的天文观测台、发明了与今天通用的时钟基本相似的日晷盘。伊朗学者的许多数学著作达到了很高水平。波斯诗人菲尔多西的史诗《列王记》、萨迪的《蔷薇园》等不仅是波斯文学珍品，而且也是世界文坛的瑰宝。

智利山达木树

【评语】智利这棵有3600多年树龄的山达木树的胸径生长很缓慢，但却是
智利很珍贵的木材。

山达木树位于智利中南部的安第斯山脉树林中，被发现于1993年。科学家们通过树木年轮发现这棵粗壮的常青古树已有3620岁。

虽然这种巴塔哥尼亚柏树能长到150英尺（约46米）高，但它们的周长每年只长1毫米，可能需要1000年的时间才能生长完全。对智利当地人来说，这种树的木材非常珍贵，他们用它制成屋面板瓦。

（朱永胜）

安第斯山脉：安第斯山脉是世界上最长的山脉，几乎是喜马拉雅山脉3倍半，属美洲科迪勒拉山系，是科迪勒拉山系主干，其北段支脉沿加勒比海岸伸入特立尼达岛，南段伸至火地岛。跨委内瑞拉、哥伦比亚、厄瓜多尔、秘鲁、玻利维亚、智利、阿根廷等国，全长约8900千米。一般宽约300千米，最宽处在阿里卡（Arica）至圣克鲁斯（Santa Cruz）之间，宽约750千米。

安第斯山脉自然气候复杂。一般来说，从火地岛向北至赤道，温度逐渐上升,但高度、临海、降雨、秘鲁（洪堡）寒流以及地形风障等因素，使气候变得多种多样。降水量变化很大，南纬38°以南年降水量超过50.8cm，往北降水量减少，并有明显的季节性。温度随高度不同也有很大的变化。与世界其他山区一样，由于方位、纬度、昼长和迎风面及其他因素相互作用，产生了各种不同的小气候。特别是秘鲁，因为小气候众多，是世界上自然环境最复杂的地区之一。

美国谢尔曼将军树

【评语】美国这棵2000多年树龄的红杉是世界上最高、最粗、寿命最长
的大树，为了纪念美国南北战争时的谢尔曼将军而命名。

　　谢尔曼将军树位于美国加州红杉国家公园（Sequoia National Park），
按体积来说为世界上最大的树，约为1486.6立方米。高为83.8米，基部最

大直径11.1米，平均冠 覆32.5米。 树龄约2300～2700年， 为目前世界上幸存的最高、最粗和寿命最长的大树之一。

谢尔曼将军树（或舍曼将军树）由博物学家杰姆·沃尔弗顿（James Wolverton）于1879年时命名，为了纪念南北战争时的将军威廉·特库姆塞·舍曼（William Tecumseh Sherman）。1931年，与附近的格兰特将军树相比较后，谢尔曼将军树被认为是世界上最大的树木。

美国红杉分布于美国的加利福尼亚州北部和俄勒冈州西南部的狭长海岸，为常绿大乔木，是世界上最高的树种之一。最早出现在侏罗纪，广泛见于东亚、北美和欧洲中生代晚期和古近纪、新近纪地层。

美丽的斯坦福大学坐落在帕罗奥图（Palo Alto），Palo Alto指的是旧金山湾的红杉树，徽标以及体育运动标志中就有红杉的形象。

（邓金阳　美国西弗吉尼亚大学）

威廉·特库赛·谢尔曼：（1820～1891），是美国南北战争中北军中地位仅次于格兰特将军的将领。

在南北战争期间他官至美国西部战区司令官，并在1864年春天的战争中取得了成功。战后他担任美国陆军司令（1883～1869年），上将军衔。

由于他提出了"进军海上"，通过美国佐治亚州，摧毁大量的联邦军基础设施。历史学家普遍认为他是"全面战争"的早期倡导者。

最美古树名木
国外之贵

美国怡和杜松

【评语】美国这棵1500年树龄的杜松造型奇特、声名远播，堪称世界上最古老的怡和杜松之一。

怡和杜松，生长于美国犹他州洛根城的卡契国家森林，最早被认为树龄在3200年左右，但在1950年经科学家研究内核样本后发现，它只有1500年的历史。怡和杜松高40英尺（约12.2米），周长24英尺（约7.3米）。

这棵怡和杜松于1923年被犹他州州立农业学院（USAC）的Maurice Blood Linford发现，以USAC的校友和前美国农业部长威廉·玛丽恩·怡和（1879～1955）命名。

（梁海波）

杜松：常绿灌木或小乔木，高达10米，树冠圆柱形，老时圆头形。大枝直立，小枝下垂。其叶为刺形条状、质坚硬、端尖，上面凹陷成深槽，槽内有一条窄白粉带，背面有明显的纵脊。球果熟时呈淡褐黄色或蓝黑色，被白粉。种子近卵形顶端尖，有四条不显著的棱。

杜松是一种耐旱、耐寒、须根系发达、适应性强的优良树种，为陕北黄土高原地区的先锋树种，易于形成疏林草原，在改善气候、改良土壤、水土保持等方面发挥着重要的作用。杜松是深根性树种，主根长，侧根发达，抗风能力强；其栽培变种为垂枝杜松。

杜松是喜光树种，耐阴。喜冷凉气候，耐寒。对土壤的适应性强，喜石灰岩形成的栗钙土或黄土形成的灰钙土，可以在海边干燥的岩缝间或沙砾地生长。

杜松可作为园林绿化树种，其枝叶浓密下垂，树姿优美，北方各地栽植为庭园树、风景树、行道树和海崖绿化树种。长春、哈尔滨栽植较多。适宜于公园、庭园、绿地、陵园墓地孤植、对植、丛植和列植，还可以栽植绿篱、盆栽或制作盆景，供室内装饰。杜松果实可以酿酒。杜松有祛风、镇痛、除湿、利尿、补益和对尿道的强抗菌作用等功效。主治风湿关节痛、痛风、肾炎、水肿、尿路感染等疾病。杜松在霍乱、伤寒热等接触性传染疾病的治疗上扮演着十分重要的角色。以前，人们认为把杜松枝扔进火中能避邪，将它燃烧以防止瘟疫。

国外之贵

美国海波树

　　美国这棵海波树发现于2006年8月25日，位于州立红木国家公园(Redwood National and State Parks)，高115.55米，约530立方米，树龄700～800年。

　　这棵树的位置没有公布，以免人为活动对其生长的生态系统造成破坏。

（邓金阳　美国西弗吉尼亚大学）

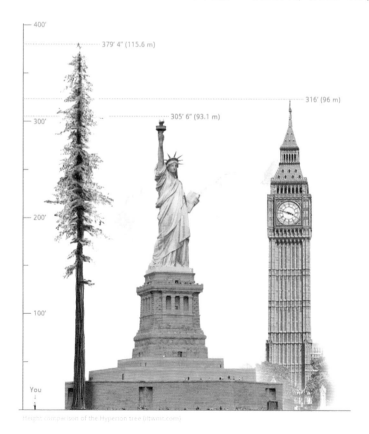

知识链接

红木国家公园：因为中文译名的关系，常常有人把它搞混成红杉国家公园（Sequoia National Park，又译水杉国家公园）。 红木国家公园位于北加利福尼亚州海岸，在加利福尼亚州和俄勒冈州交界处，是世界上最古老的红木原始林之一；红杉国家公园则是位于中加州内陆的森林，临近国王谷国家公园（Kings Canyon NP）。

这里共有174万英亩红木林。加州红木，或称为海岸红杉，主要分布于美国加利福尼亚州，能长到112米高，是世界上最高的植物之一。目前已知最老的红木约有2200岁。该国家公园保护了现存加州红木林面积的45%。加州红木是地球上最高的植物之一。除此之外，该国家公园还保护了一片茂草原(prairie)，一些文化遗址，以及长达37英里的原始海岸。走在寂静的森林中，你有很大的机会看到诸如麋鹿和秃鹰等野生动物。沿海的风光非常迷人——顺着海边驾车，从悬崖上欣赏壮丽的太平洋美景。

意大利百马栗树

　　百马栗树位于意大利西西里的埃特纳火山，是迄今所知世界上最古老最大的栗树。相传它的年龄为2000～4000岁。埃特纳火山是地球上最活跃的火山，这使得西西里百马栗树的年龄格外引人注目。此树距离埃特纳陨石坑仅5英里。

　　位于西西里岛东岸的埃特纳火山海拔3340米，是欧洲最高的活火山。这座火山自公元前475年大喷发以来，一直没有安静过，仅1500～1669年就

国外之贵

记录了71次喷发，到1971年又喷发了38次。然而火山喷发所带来的灾难和恐惧，却没有阻止生命的进程。相反，大量火山灰使山坡上和山脚下的土质变得肥沃，草木葱茏。在埃特纳火山海拔900～1980米的中段地带，生长着茂盛的栗树、山毛榉、栎树、松树和桦树，景色十分秀丽。山麓则遍布果园，葡萄、油橄榄、柑橘、樱桃、苹果竞相生长，果农脸上充满了丰收的喜悦。尤其是山脚下一株陪伴着这座喜怒无常的火山度过了上千个春秋的极为粗大的栗树，不但没有被一次次的火山喷发所吞没，相反却充满了勃勃生机，令络绎不绝的观光者赞叹。

关于这株栗树还有一段有趣的逸事。中世纪时，西西里岛曾一度被西班牙的阿拉贡王国所统治。据说有一年夏天，阿拉贡王带了100名随从骑马来到埃特纳火山脚步下巡车，突遇大雨，附近又没有可供避雨的房屋。正巧不远处有一片"小树木"，于是国王带着手下急驰而至，原来，刚才见到"树林"，只不过是一株巨大的栗树。这株栗树的树干极粗，大约要30多个人才能合抱，树冠枝繁叶茂，如一把天然巨伞，竟然将阿拉贡王手下的百余名骑手全部遮住。从此，这株护驾有功的栗树就出了名，被誉为"百骑大栗树"，又称"百马树"。

（邓金阳　美国西弗吉尼亚大学）

知识链接

栗树：壳斗科栗属植物。在古书中最早见于《诗经》一书，可知栗的栽培史在中国至少有2500余年。

高达20米的乔木，胸径80厘米，冬芽长约5毫米，小枝灰褐色，托叶长圆形，长10～15毫米，被疏长毛及鳞腺。叶椭圆至长圆形，长11～17厘米；叶柄长1～2厘米。雄花序长

10～20厘米，花序轴被毛；花3～5朵聚生成簇，雌花1～3（～5）朵发育结实，花柱下部被毛。成熟壳斗的锐刺有长有短，有疏有密，壳斗连刺径4.5～6.5厘米；坚果高1.5～3厘米，宽1.8～3.5厘米。花期4～6月，果期8～10月。

栗子除富含淀粉外，尚含单糖与双糖、胡萝卜素、硫胺素、核黄素、烟酸、抗坏血酸、蛋白质、脂肪、无机盐类等营养物质。

栗木的心材黄褐色，纹理直，结构粗，坚硬，耐水湿，属优质材。壳斗及树皮富含鞣质。叶可作蚕饲料。

栗树生长快，管理容易，适应性强，抗旱抗涝，耐瘠薄，能在荒山、河滩大量发展，而且丰产、稳产，寿命长。

板栗作为中国传统的果树，历史悠久，已有数千年的栽培历史，而且资源丰富，分布广泛，是重要的出口产品。栗实为坚果，营养丰富，淀粉含量56%～72%，蛋白质含量5.7%～10.7%，脂肪含量2%～7.4%，并含有较多的维生素等。既可生食、炒食和煮食，又能制成香甜的糕点、糖果等。

西班牙龙血树

龙血树生长在西班牙特纳利夫岛的伊科德，高22米，树干底部围长达到10米，重量估计可达到70吨，树龄在1000年左右。

2002年，伊科德政府计划为龙血树申请世界遗产，但最终夭折。2011年，他们再一次进行了申遗尝试。

（罗　平）

知识链接

龙血树： 又被称之为流血之树、活血圣药、植物寿星。是名贵的云南红药——血竭，又名麒麟竭，与云南白药齐名，又是著名药品"七厘散"的主要成分，李时珍在《本草纲目》中誉之为"活血圣药"，有活血化瘀、消肿止痛、收敛止血的良好功效。

本属植物主要生长在非洲和亚洲南部等热带地区。其花两性，花被7裂，圆锥花序或穗状的总状花序或稠密的穗状花序；果实为浆果。喜高温多湿的环境，喜光，不耐寒。

据说古时巨龙与大象交战时，巨龙的血洒到大地，后来从土壤中生出来的便是龙血树。当龙血树受到损伤时，它会流出深红色的像血浆一样的黏液——这种在传说中被认为是龙血的黏液，龙血树便因此得名。

龙血树在2001年就已被中国列为二级珍稀濒危保护植物，列入《中国植物红皮书——稀有濒危植物》中。

同属多种和变种用于园林观赏。龙血树材质疏松，树身中空，枝干上都是窟窿，不能做栋梁；烧火时只冒烟不起火，又不能当柴火，真是一无用处，所以又叫"不才树"。

1868年，著名的地理学家洪堡德在非洲俄尔他岛考察时，发现了一棵年龄已高达8000岁的植物老寿星。可惜这棵树已被刚发生的大风暴折断。也正因为它被风暴折断了主干，洪堡德能通过数它树干断裂处的年轮知道其准确年龄。这是迄今为止知道的植物最高寿者。这棵长寿的树就是龙血树，树高18米，主干直径近5米，距地面3米折断处直径也有1米。

一般说来，单子叶植物长到一定程度之后就不能继续加粗生长了。龙血树虽属于单子叶植物，但它茎中的薄壁细胞却能不断分裂，使茎逐年加粗并木质化，而形成乔木。龙血树原产于大西洋的加那利群岛，全世界共有150种，中国只有5种，生长在云南、海南岛、台湾等地。龙血树还是长寿的树木，最长的可达8000多岁。

肯尼亚金合欢

　　在肯尼亚，到处都可以看到一种形状酷似雨伞的树。这种树大多扎根沙漠荒原。根深叶茂，喜光，耐寒。对土壤要求不高。适应性极强。湿润、瘠薄、沙质土壤皆可生长。在行道院落、房前屋后、河滨草坪、荒原湖泊，都可以看到它大大小小、高高低低的身影。它就是著名的金合欢树。

　　金合欢树，又称洋槐或刺槐，作为非洲大陆上最负盛名的植物之一，比较常见的是撑开后像伞一样平的叫做伞状金合欢树，还有一种树干呈黄绿色，远看有种光影交错感的，叫黄热病金合欢树。

金合欢。豆科植物。常绿有刺灌木和小乔木。树状优美。近看细小的叶子，金黄色的花球，毛茸茸，十分可爱。春夏开花，夏秋产果。花含苦香油，为高级香精。果荚、树皮、树根可提制烤胶。树脂可制作胶水、墨水及药用。木材可作为贵重器具材料。

在植物王国里，金合欢树就像动物王国的狮子一样，在草原上张开它那大伞般的树冠，给野生动物们带来休息的林荫。它是动物的美食，较小的羚羊喜欢吃嫩枝，高角羚喜食灌木丛，大象、长颈鹿则吃顶部的枝叶。它是豹子的观察站和储藏室。豹子在高枝上观察其他动物的动静；将猎物储存于枝头树杈，防野狗抢掠。狮子可以在树荫下乘凉，防烈日暴晒。蛇在树枝间搜索鸟巢。蚂蚁则会攻击食叶的昆虫，保护树木健康生长。它可以将富含氮的叶片脱落在稻田，为土壤增加养分。可以防风、防腐蚀，改善农业生产条件。

科学家研究发现，金合欢树含有的化学物质能阻止细胞死亡。减少形成紧张细胞的数量，能够有效压制癌细胞的形成。它的种子成熟后，被大象和高角羚吞食，在胃中软化、萌动发芽。粪蜣螂吃了这些动物的粪便，无意中会把种子埋入土中。于是，就会有一棵新的金合欢树诞生。于是，就会有一

片片的金合欢树在草原上诞生、成长起来。周而复始，生生不灭。

（张　艳　辽宁美生公司）

知识链接

金合欢：被子植物门植物。原产地为热带美洲。这种花树远看像黄色的云彩，走近能看见细小的叶子和金黄色的小花球，毛茸茸的十分可爱。在每年的春秋两季开花，叶子像含羞草一样。在澳大利亚金合欢属的植物有700多种。

它是落叶有刺灌木或小乔木；花黄色，极香，花期春夏，果期夏秋。金合欢属豆类，叶显羽状，互生，夜间成对相合。金合欢喜阳光，开花一片金黄璀璨，树皮可提制栲胶，澳大利亚人多用其做围墙或美化庭院，故有"篱笆树"之称。金合欢树花含芳香油，为高级香精原料；果荚、树皮和根可提制栲胶；树脂供制胶水、墨水及药用，木材可作为贵重器具材。

美国奥林匹克公园温带雨林

奥林匹克国家公园跟它附近的几个国家公园，都位于北美板块和胡安·德·富卡（Juan de Fuca）板块的相交处。胡安·德·富卡板块东部，正不断地陷入北美板块之下，岩石经地幔加热后成为熔浆，形成这地区一系列的活火山。平均每300至500年，这个地区就会发生一次特大地震，强度比加利福尼亚州有史以来的任何一次地震都要强。上一次于1700年发生的大地震，海啸直卷到太平洋对岸的日本，在日本的史书中有详细的记载。

奥林匹克公园由于特殊的地质地貌环境造就了多样的生态环境。从太平洋吹来的温暖而潮湿的空气，被奥林匹克山脉挡住，气流沿山坡上升而冷却，在高山上形成降雪，半山腰则降雨。高山上的积雪终年不化，形成大大小小的冰川。山脚下

最美古树名木
国外之贵

由于一年四季都有丰富的雨水，每年春天又有稳定的融雪，山腰处形成雨林生态。奥林匹克国家公园地处温带，因此这里的雨林称为温带雨林，其植被、动物种类都有别于热带雨林。这里的Hoh雨林是美国大陆上最潮湿的地方。

　　上面是普通的山峦，走着走着就进入了一片雨林。里外的差距让人感觉走入了一个隧道，从北美大陆来到了南美洲的亚马逊雨林中。雨林里的树木不再是笔直向上，而是用力遮盖林中的天际。绿色的垂枝格外碧绿，像是走进了一间开着绿色壁灯的大房间。

　　雨林中有多条让游人旅行的小道，小道上有各种自然景观。树枝围成的蜘蛛网，树干长成的桥梁，一切都是大自然的鬼斧神工。在北美的土地上构建出一个动物繁多、树叶遮天的雨林。

　　走入群山中，藏有美丽的湖景；这里也是天气晴好时看日落的好去处。

（谢宁一　美国谷歌公司）

88

奥林匹克国家公园：位于美国华盛顿州的西北部奥林匹克半岛的中央地区，因海拔2428米高的奥林匹克山雄踞其中而得名。奥林匹克国家公园是1938年为保护奥林匹克山区的森林和多种野生动物而建立，占地3626平方千米，以雨林为特色的公园。由三处生态系统截然不同的山地组成，因此公园被称作"三处合而为一的公园"，包括奥林匹克山、山区草地、岩石林立的海岸线以及温带雨林。该地区由于冰川被隔绝了亿万年，奥林匹克半岛逐渐发展了自己独特的生物系统，该区有8种植物、5种动物在其他地方已经绝迹。这儿有一些世界上最大的针叶树，达70米高；枫树跨径可达12米，周身长满苔藓。地上灌木丛生、野花遍地，到处是蕨类和地衣。公园内有140种鸟禽，是约5000头麋鹿的聚居地。岩石垒垒的海边生长着许多海洋生物，海滩上还往往留有海豹、黑熊和浣熊来往的痕迹，同时也是罗斯福麋鹿群的聚居地。崎岖的山巅覆盖着约60处活动冰川。

奥林匹克国家公园有三个雨林，里面草木葱茏，丝毫不亚于亚马逊丛林——可能是这个别具一格的公园里最奇特的地方，也是最令人神往之处。这些雨林之所以繁茂，主要得益于以下几个条件：湿度必须要非常高，即便不下雨，空气也要湿润，并有薄雾缭绕；温度要适中，不能过高也不能过低。由于临近太平洋，奥林匹克森林充分具备了这些条件。内陆山脉的陡坡使得太平洋的暴风云攀升，云中水分积聚饱和，最终形成大量降雨。降水进而汇集到长长的河谷，使温和的海洋气温深入到内陆。气候与地形的巧妙结合，造就了

这生生不息的森林。倒下的树木成为了新树苗的哺养木。细菌和真菌慢慢分解哺养木中的纤维，哺养木上逐渐长出苔藓和地衣，从而使表面养分充足，成为种子发芽生长的温床。树苗扎根后就开始生长。一段时间后，哺养木彻底腐烂，新生树木挺立在升高根上。奥林匹克国家公园的雨林和山脉让游客叹为观止。

这些丰富多彩的景观吸引了来自全世界各地的大自然爱好者。除了欣赏周围景观外，游客们还可以参与划船、垂钓和水上运动等许多活动项目。

印度大菩提树

　　大菩提树是印度的一棵榕树，学名孟加拉榕，生长在印度加尔各答豪拉的一个植物园。它的年龄估计在200～250岁，树冠宽度在地球上的所有树木中首屈一指。这棵巨树的占地面积惊人，与一个小树林差不多。

　　在遭到闪电袭击后，大菩提树不幸患病。1925年，工作人员将大菩提树的中部砍除，以便让其他部分保持健康。确切地说，大菩提树不是单一一棵树，而是一个无性繁殖群落。在大菩提树的周围，当地政府修建了一条330米长的公路。现在的大菩提树早已越过公路，触角继续向四周延伸。

　　大菩提树的年龄超过200岁，不仅在印度名气极大，在整个亚洲也是如此。有关它的历史资料不多，不过19世纪的很多旅游著作中都提到这棵百年

大树。1884年和1886年，大菩提树曾遭受龙卷风袭击，部分主要枝干断裂，结果被细菌侵袭。由于拥有大量气生根，大菩提树更像是一片林地。

1925年，大菩提树的树干因为腐烂被砍掉。最粗时，它的树围达到1.7米，高度15.7米。大菩提树的占地面积大约在1.45万平方米左右，树冠周长达到1000米，最高的树枝距地面25米，垂向地面的气生根多达3300根。

知识链接

菩提树：是榕属的大乔木植物，花期3～4月，果期5～6月。传说在2000多年前，佛祖释迦牟尼是在菩提树下修成正果的，在印度，无论是印度教、佛教还是耆那教都将菩提树视为"神圣之树"。政府更是对菩提树实施"国宝级"的保护。

中国广东（沿海岛屿）、广西、云南多为栽培。日本、马来西亚、泰国、越南、不丹、锡金、尼泊尔、巴基斯坦及印度也有分布，多属栽培，但喜马拉雅山区，从巴基斯坦拉瓦尔品第至不丹均有野生。菩提树喜光、喜高温高湿，25℃时生长迅速，越冬时气温要求在12℃左右，不耐霜冻；抗污染能力强，对土壤要求不严，但以肥沃、疏松的微酸性砂壤土为好。菩提树幼林在热带地区（水分充足的地区）生长迅速。

"菩提"一词为古印度语（即梵文）的音译，意思是觉悟、智慧，用以指人如梦初醒，豁然开朗，顿悟真理，达到超凡脱俗的境界。佛祖既然是在此树下"成道"，此树便被称为菩提树。在印度，每个佛教寺庙都要求至少种植一棵菩提树。印度非常讲究菩提树的"血脉"，并以当年佛祖顿悟时的圣菩提树直系后代为尊。有种说法称，公元前3世纪，

阿育王的妹妹砍下了圣菩提树的一根树枝，将其带到了斯里兰卡并种植成活。后来位于菩提迦耶的圣菩提树在阿拉伯人入侵印度时被毁，斯里兰卡的菩提树便成了维系佛祖渊源的"唯一血脉"。时至今日，在印度佛教圣地所植的菩提树，包括佛祖打坐原址菩提迦耶的圣菩提树，全部由斯里兰卡的菩提树嫁接而来。

两千多年过去了，佛祖当年"成道"的那棵菩提树经受了无数风风雨雨，有着神话般的经历，在佛教界被公认为"大彻大悟"的象征。1954年印度前总理尼赫鲁来华访问，带来一株从这棵树上取下的枝条培育成的小树苗，赠送给中国领导人毛泽东主席和周恩来总理，以示中印两国人民的友谊。周总理将这棵代表友谊的菩提树苗转交给中国科学院北京植物园养护。植物园的领导和职工都十分重视，精心养护，使之生长茁壮，枝叶茂盛。每当有国内外高僧前来时，植物园的这棵菩提树都会受到高僧们的顶礼朝拜。这棵菩提树也成为中印两国人民友谊的象征。

巴西帕特里卡大弗洛雷斯塔树

　　巴西的这棵树是卡林玉蕊木品种的代表，被命名为帕特里卡大弗洛雷斯塔。据估测，它有3000岁高龄，是巴西最老的非针叶树。帕特里卡大弗洛雷斯塔被封为神灵。

　　巴西、哥伦比亚、委内瑞拉地区的毁林行为使得这个树种的生存遭到严重威胁。

（邓金阳　美国西弗吉尼亚大学）

马达加斯加猴面包树

　　猴面包树是马达加斯加独有的树种，猴面包树又叫波巴布树、猢狲木或酸瓠树。猴面包树分布于非洲、地中海、大西洋和印度洋诸岛及澳洲北部，猴面包树是喜温的热带树种，能忍受最高平均温度40℃及以上。猴面包树的木质多孔，是大型落叶乔木，主干短，分枝多，猴面包树树冠巨大，树杈千奇百怪酷似树根，树形壮观，果实巨大如足球大小，甘甜汁多，当它果实成熟时，猴子、猩猩等动物就成群结队而来，爬上树去摘果子吃，"猴面包树"的称呼由此而来。

　　猴面包树的树干虽然都很粗，木质却非常疏松，表硬里软。这种木质最

利于储水，在雨季时，它就利用自己粗大的身躯和松软的木质代替根系，大量吸收并贮存水分。它的木质部分像多孔的海绵，里面含有大量的水分。每当旱季来临，为了减少水分蒸发，它会迅速脱光身上所有的叶子，在干旱季节慢慢享用体内的水分。猴面包树可以长到25米高，充满水分的树干直径可以达到12米。它们开出的巨大花朵是黄白色的而且会发出一种腐败的臭味。这种树通常是由果蝠或者狐蝠完成授粉。猴面包树的果实含有大量的微量元素、维生素与营养元素，因此通常也被称为"超级水果"。

　　著名的猴面包树大道坐落于马达加斯加西部的麦拿巴地区，是当地最著名的旅游景点之一，每年吸引世界各地的大批游客。它是当地自然保护工作的重点，曾在2007年7月获得环境、水与森林部门授予的暂时性保护地位。虽然是暂时的，但却朝着成为马达加斯加第一个自然保护区迈出了第一步。

大道两边长满了有着800多年树龄高约30多米的珍稀树种——猴面包树。近年来，由于当地森林被大量砍伐，猴面包树大道周边生态环境遭到一定程度破坏。

（张　艳　辽宁美生公司）

马达加斯加：全称马达加斯加共和国，非洲岛国，位于印度洋西部，隔莫桑比克海峡与非洲大陆相望，全岛由火山岩构成。作为非洲第一、世界第四大的岛屿，马达加斯加旅游资源丰富，20世纪90年代以来，该国政府将旅游业列为重点发展行业，鼓励外商向旅游业投资。居民中98%是马达加斯加人。

马达加斯加是世界最不发达国家之一，国民经济以农业为主，农业人口占全国总人口80%以上，工业基础非常薄弱。马达加斯加自然资源十分丰富。石墨储量占非洲首位，除此之外还有云母、铀、铅、宝石、金、银、铜、镍、铝矾土、铬、煤等。

河流湍急，水力发电潜力很大。2013年，森林面积1470万公顷。粮食作物有大米、木薯、玉米等，大米已接近自给。主要经济作物有咖啡、丁香、剑麻、甘蔗、花生、棉花等，而其香草的产量和出口量均占世界首位。

在马达加斯加，人们对牛有着一种特殊的、近乎狂热的崇拜，牛为财富的标志，牛头为国家的象征，牛像孩子一样要接受洗礼，一个星期中的某一天不能强迫牛去干活。在马达加斯加，平均两个人拥有一头牛。葬礼铺张，每隔四年掘开祖坟，举行隆重的翻尸换衣仪式。元旦时，人们互赠鸡尾，以示祝福。马达加斯加人的房屋与非洲大陆的房屋迥然不同，却与东南亚各族人民的房屋极其相似。现代城市的建筑在许多方面继承了传统的建筑形式，地基很高，房顶又高又尖。马达加斯加的绝大多数部族都以农业为生，大米是主要食粮，煮好米饭一般就着用蔬菜、鱼、羊、家禽或野禽肉块做的卤吃，而且还撒许多辣椒和五味香料。他们还喜欢吃白薯和木薯，爱喝酸奶。

马达加斯加人尊重老人，在许多社会机构中，管理人员大多是上了年纪的人。他们认为，人的年纪越大，涉世就越深，就越有智慧。人们对外国朋友十分友好，见面流行握手礼。在马达加斯加的马路上，如果汽车与牛群相遇，汽车必须让道于牛群。"不得无故伤害牛"是该国人人都遵守的信条。

美国瑞尼尔山原始森林

2015 年7月，我来到了美国西北部的瑞尼尔雪山领略夏季的雪山风情。瑞尼尔山（Mount Rainier），亦称塔科马山（Mount Tacoma）或塔和马山（Mount Tahoma），是一座活火山，属于层状火山，位于美国华盛顿州的皮尔斯县境内。瑞尼尔山也是喀斯开山脉的最高峰，海拔4392米，被认为是世界上最危险地火山之一。火山孕育了繁茂的植被、多种珍稀树种和山地植物。

雪山的树似乎也适应了雪山的险峻，往往生长于峭壁之间，直深入云层中。在这高耸的树木下是繁茂的高原植物包裹着的地面。土拨鼠等啮齿类动

国外之贵

物是这里的主人，它们一刻不停地更新着雪山的植被状态，吃剩下的花朵腐烂后成为了树木最好的养料。

　　植被是瑞尼尔雪山树木的有力支撑，为树木成长提供了养分也牢牢地抓住了土壤。雪山的海拔和空旷的地形带来了凛冽的风，不过这些高低搭配的植被化解了这风，反而留下了这无与伦比的景色。

（谢宁一　美国谷歌公司）

知识链接

　　瑞尼尔山国家公园（Mount Rainier National Park）也译作雷尼尔山国家公园，是一座位于美国华盛顿州皮尔斯郡东南的国家公园。建园于1899年3月2日，是美国第五座国家公园。公园面积为368平方英里（954平方千米），包括了瑞尼尔山全境——一座14410英尺（4392米）高的层状火山。这座山从周遭的平地中陡然升起，使得园区海拔分布从1600英尺（490米）到超过14000英尺（4300米）。

园区的95%保存在原始状态，自1988年即被认定。最高点在Cascade Range，周遭满是峡谷、瀑布、冰穴以及数量超过25个的冰河。休眠的火山常常笼罩在云里，每年为峰顶带来数量庞大的雨水与雪花，并且让周末许多前来观赏的游客无法看到神秘面纱后的峰顶。

瑞尼尔山被奇境步道（Wonderland trails）所环绕，并为数条冰河及数座雪地所覆盖，总面积约达35平方英里（91平方千米）。卡本冰河（Carbon glacier）是美国本土体积最大的冰河，而面积最大者则为艾门斯冰河（Emmons glacier）。每年约130万人拜访瑞尼尔山国家公园。瑞尼尔山是登山者所喜爱的攻顶处之一，每年约有10000次攻顶尝试。

天堂旅客中心（Paradise Visitor Center）于1972年记录下降雪量1122英寸（2850厘米）的世界纪录。

这座公园包含了古代森林与亚高山带草原等特色，是西北太平洋区的自然景致。

美国天使橡树

　　在南卡罗莱纳州的约翰斯小岛有一棵橡树叫做天使橡树，已经1400岁，它可以给17200平方米的范围带来阴凉。这棵古老的树木在经历了无数的自然灾害后依然屹立不倒，树枝达到30.5米长，树干的围长有8.5米。

　　天使橡树在飓风、洪水、地震中生存了1400年，设法保持其翠绿的身形，现在它由查尔斯顿市（City of Charleston）管理，这里变成一个非常受欢迎和震撼人心的旅游景点，并且拥有了自己的公园。

（赵同原）

查尔斯顿市：位于美国南卡罗来纳州查尔斯顿县，为查尔斯顿县的县治，科佩尔河与阿什莱河汇合处，在查尔斯顿湾的顶端，濒临大西洋的西侧，是南卡罗来纳州的主要港口。国际机场距码头约16千米，有定期航班飞往世界各地。是南卡罗来纳州最古老的城市。

为了纪念查理二世，该市建立于1670年，目前已经发展成为南卡罗来纳州第二大城市，仅次于哥伦比亚城。

1790年以前它一直是南卡罗来纳州的首府，也是那时美国南方最富有的小城镇。这里有美国最早的海关、美国最早的贩卖黑奴交易市场、美国南北战争纪念碑，还有历史悠久的古炮台。主要工业有造纸、化学、橡胶、纺织、食品、飞机部件等。多历史古迹，萨姆特要塞是南北战争初期激战地之一。

海滨小镇查尔斯顿是美国及世界各地富豪的聚居地，也是风光旖旎的度假胜地。沿宽阔的海湾种植了一排排郁郁葱葱的椰树，树阴下掩映着一栋栋造型别致的度假小屋。直接面海的度假屋最昂贵，一小栋可达几百万美元，靠里面的房价依次递减。这些度假屋多为三层，每层都有宽敞的带立柱的观景凉廊，屋内陈设富丽雅致，充满贵族气息。

丰富多彩的历史、保存完好的建筑、舒适的住宿环境、别具风味的餐馆和热情好客的市民使得查尔斯顿成为一座别具魅力的城市，备受赞誉，还曾被评为美国最友好的城市、

美国最文雅的城市。这座城市因独一无二的文化而知名，南卡罗来纳州的古老传统融入了英国、法国和西非元素，文化多样，异彩纷呈。该市拥有多处历史建筑和博物馆，其中知名的有查尔斯顿博物馆、吉博斯艺术博物馆、码头大剧院、城市大厅艺术馆、南卡罗来纳州水族馆等。

查尔斯顿一年一度的斯伯拉图艺术节尤为知名，为期17天的艺术盛事囊括了歌剧、音乐、舞蹈和戏剧，吸引了世界各地的艺术家前来参加。

查尔斯顿春夏时节特别美，杜鹃、山茶、玫瑰、茉莉百花盛开，芬芳四溢，与挺拔青翠的棕榈树争相辉映，构成了一幅摇曳多姿的亚热带风情图。

美国玛士撒拉树

　　名为玛士撒拉的狐尾松凭借4841岁的高龄问鼎地球上最古老的非克隆生物之一。它位于美国加利福尼亚州白山区茵友（Inyo）国家森林中。

　　出于隔离保护的目的，此树具体落脚点至今仍不为人知，有道是"只在此山中，林深不知处"。

（邓金阳　美国西弗吉尼亚大学）

最美古树名木

国外之贵

知识链接

狐尾松：为常绿乔木，是一种中等高度的松树，高5～15米，直径2米。树冠圆形，树皮光滑，橘黄色或红棕色，有的种子被鸟类食用，鸟类贮藏的种子可以发芽生出新的植株。

狐尾松是一类生长在美国西部干燥高山上的结松果的常绿树木的共称，因为松果上的鳞片长得像狐尾而得称。它们以长寿著称，有些样本已经存活了3000～5000年，它们因此成为世界上已知的存活最久的树木。这种树木只分布着两个种群：科罗拉多和犹他的洛基山狐尾松和加州东南部的白山和Panamint山地的大盆地狐尾松。

狐尾松生长极其缓慢，它们的年轮在100年里增加不到2.5厘米。一棵700岁的树只有90厘米高，树干直径只有7.5厘米。在白山，人们发现最古老的狐尾松都被风化了，看起来奇形怪状。一般来说，它们都只有一个活着的树枝和几个长着松针的嫩枝；这些树枝依靠一条狭窄的活着的树皮来从土里向上传输水分。其针叶可以保持30年不落，在这30多年中，它损伤的仅仅是十几厘米的树皮。狐尾松不像其他的树木，死掉的木质会腐烂掉，导致树脆弱易倒；它们死去的木质会一直保持坚实。

狐尾松在枯死以后仍能够保持直立，哪怕只剩下一截光秃秃的树干，从这枯木上也常常会冒出一两枝新枝继续生长。同是存活时间非常长的针叶树——美国杉看起来像个大块头，外形挺拔高耸，而狐尾松则更倾向于横向发展。科学家在加利福尼亚州国家保护区里发现的最高的美洲杉高达111

106

米，而最高的狐尾松仅18米左右，绝大多数狐尾松个头偏小。在极度严苛的环境条件下，大个头的确没有任何优势。由于这里海拔较高，即便是夏季气温也不高，空气中的二氧化碳（光合作用所必需）含量不多，狐尾松的生长因此受到相当限制，只能依靠之前积攒的能量存活。

由于个头不高，狐尾松在枯死以后仍能够保持直立。有时根部的主体都已全部坏死，与之相连的树干及树枝也由于风力侵蚀而完全被风干，往往只剩下一截光秃秃的树干，但即使这样，从枯木上也常常会冒出一两枝新枝继续生长，令人不禁感叹其顽强的生命力。

坦桑尼亚猴面包树

　　在坦桑尼亚前首都达累斯萨拉姆的印度洋畔，有一棵很大的猴面包树，被认为是"精灵寄身之所"。树周围的一片空地，则成为人们顶礼膜拜的"神奇之角"。每天都有许多人来到树前，脱掉鞋子，长跪在地，背对大洋，默默祈祷。同时，有十几个巫师口中念念有词，轮流将猴面包果汁洒到祈祷者的头上。他们相信，这样就可以将缠身附体的魔鬼赶到大海中，使自己的生命和灵魂得救。祈祷完毕，还有人将写着避邪祈福词句的纸符钉在树干上，提醒神祇千万不要忘掉信誓人的祈求。

（江庆惠）

达累斯萨拉姆（Dar es Salaam）：在斯瓦希里语意为"平安之港"。坦桑尼亚前首都，第一大城市和港口，全国经济、文化中心，东非重要港口，达累斯萨拉姆区首府。该市终年绿色，环境优美，零星点缀着保存较为完整的西式及阿拉伯式古建，是"海上丝绸之路"沿线城市。我国明代郑和下西洋曾经到过这里的沿海地区。达累斯萨拉姆也是北京奥运会火炬传递途经的唯一非洲城市。现在这个城市的人口在改革和开放中增长非常快；已然是一个接近三百万人口的大城市了。一百多年前，莫罗戈罗一带的库突族迁此，起名"姆兹兹玛村（Mzizima）"，意为"凉爽的地方"，或"健康镇"。1857年桑给巴尔的马吉德苏丹在此修建宫殿。1862年马吉德命名为"Bandar es Salaam"。阿拉伯语"bandar"意为"港"，"salaam"是"和平"的意思，全名意为"和平之港"。后简称成现名。可能因马吉德在此建港顺利，此地比他在桑给巴尔的宫殿更安全。一说是因阿拉伯人早期到此，见这里风光秀丽，港湾宁静，可在此自由贸易，故起此名。旧译"三兰港"。

达累斯萨拉姆是坦桑尼亚的前政治、经济、文化和全国交通中心，坦桑尼亚的几条重要的铁路均从这里向内陆伸展。全国三分之二地区的进出口物资都要通过这里集散，同时为邻国刚果（金）部分地区和卢旺达、布隆迪两个内陆国家取得便利的出海通道。

达累斯萨拉姆是坦赞铁路的起点站。坦赞铁路不但对加

速开发坦桑尼亚富饶的西南地区具有重要意义，而且为地处内陆的"铜矿之国"赞比亚打开一条通向海口的重要通道。

由于地处低纬度，受印度洋季风影响，气候湿热。达累斯萨拉姆雨量充沛，地表水很丰富，年平均降水量1100毫米。每年4月至9月是雨季，每年的10月至翌年3月是旱季，气候比较炎热；在烈日当头的时候，气温高达45°左右。其中3～6月降雨最多，全年雷电日为32～48天。随着全球性的气候异常，这种惯例也在慢慢地改变着。雨季无"倾缸大雨"，旱季常见瓢泼大雨使得人们依然习以为常。

美国孤独的悬崖守卫者

晴朗的好天，延着从旧金山至太平洋海岸曲折的公路南行。沿着17英里大道，最值得记忆的就是孤柏树。这棵柏树孤零零地生长在一块突入太平洋的礁石上，任你风吹浪打，我自岿然不动，顽强地度过250多个春秋。

木秀于林，风必摧之，更何况木秀于洋。想到这你就不得不对这棵孤柏肃然起敬，他所展示的是极端的生存最高境界，演绎着生命的壮美。该树曾一度差点被强劲的海风吹倒，幸亏管理人员及时用钢索予以加固，使其得以幸免于难而获重生，让后来人得以继续慨叹造物主和大自然的鬼斧神工。

（杨益强）

美国生命之树

在美国华盛顿的奥林匹克国家公园中,有一棵名为"生命之树"的大树,其生长似乎无视了重力法则。这棵大树的大部分延伸到空中,只有少数几根卷须依附在坚硬的悬崖岩石上,拼命维持生命。

这棵大树的许多根须都已经暴露在空气中,随风摆动。随着时间的推移,悬崖被渐渐侵蚀,而大树依然在茁壮成长。尽管只有少部分根须与土壤接触,但每年春天其依然会发出

嫩绿树叶。尽管美国海岸地区经常遭到风暴袭击,但这棵大树却始终未被吹倒,依然保持活力。尽管这棵大树没有正式名称,但人们通常称其为"生命之树"或"逃跑大树"。

奥林匹克国家公园坐落于华盛顿州的西北角,奥林匹斯山(海拔2428米)雄踞其中,公园因此而得名。公园内景色多变,生态系统多种多样,岩石垒垒的海边生长着许多海洋生物,美洲鹿徜徉其间的山谷中长着巨大的针叶树森林,崎岖的山巅覆盖着约60处活动冰川。

(方 海)

新西兰倾斜树

　　有多凛冽的寒风，才能将一棵树摧残成这个模样？新西兰的最南端是全新西兰最直接迎来南极寒冷、强劲西南风的地方，也因为受到常年强风的吹拂，使得这里较高的植物如树木等都朝向北面生长，就如同照片上这样，营造出一种既神秘又奇幻的感觉，更让此地意外地成为一个观光景点，虽然目前这里没有人定居，但这里的景观确是相当难得的。

　　这里大部分的地用于养羊，没有人定居也没有其他动物，让人忽然觉得有种来到魔戒场景或者爱丽丝梦游仙境的感觉，而魔戒大多数的景也是在新西兰拍摄，可见新西兰不但拥有壮阔绝美的风景，也不乏这样特殊的奇境。

（龚蓝艳）

| 也门龙血树

也门龙血树仅发现于索科特拉岛的高原上。它们的树形亭亭如盖，还有着深红色的汁液，这种深红色的液体被人们认为是龙的血液，于是将这种神奇的树木称为龙血树，这种液体具备一定的药用价值。

位于也门亚丁湾入口的索科特拉岛，也许是世界上最奇异的地方了，岛上有1/3的植物只有在这里才可以看到。其中最古怪的莫过于龙血树了。

索科特拉岛，印度洋西部一群岛，属也门索科特拉省。该岛与大陆板块已经隔绝1800万年，长期的地理隔离生成了很多特有动植物。索科特拉岛37%的植物（共825种）、90%的爬行动物和95%的蜗牛都是岛上独有的。由于其稀有生物品种多，因此被认为是"印度洋的加拉帕戈斯"。2008年列入联合国教科文组织世界遗产名录。 （庞啸剑）

美国潘多树

　　"潘多"虽然从本质上讲不是最古老的单棵树木，但是美国犹他州这片无性系颤杨林是真正的古树林。由一棵小树苗发展到一个庞大的家族，约424914平方米，由基因相同的树构成。

　　它们由一个根系连接。枝系庞大的"潘多"至少8万年前就开始萌发了，当时我们人类祖先还居住在非洲。但也有人认为，这片林地可能有百万年的历史，这意味着潘多比最早的智人要早80万年。　　　　　（孔畅国）

新西兰"森林之父"

新西兰怀波瓦森林中的最后一片原始雨林中有一棵伟岸的贝壳杉。Te Matua Ngahere在毛利语中的意思是"森林之父",科学家认为,它的树龄在2000年左右,周长约16米,是新西兰最粗的树。不幸的是,"森林之父"在2007年的一场暴风雨中遭到重创。

贝壳杉是贝壳杉属下的一个物种,常绿大乔木,树皮厚,带红灰色。矩圆状披针形或椭圆形革质的叶片。近球形或宽卵圆形的球果,倒卵圆形种子,主要分布在亚洲热带地区。树干含有丰富的树脂,在工业及医药上有广泛用途。几千年来,与地球上其他陆块隔离的新西兰,发展出许多独特的植物。

贝壳杉壳杉这种笔直、高大、无节、木质坚韧、耐用的针叶树，便是其中一种极富经济价值的优良树种，也是世界上最好的木材之一。

（徐农平）

知识链接

贝壳杉：是贝壳杉属下的一个物种，常绿大乔木；树皮厚，带红灰色。矩圆状披针形或椭圆形革质的叶片。近球形或宽卵圆形的球果，倒卵圆形种子，主要分布在亚洲热带地区。树干含有丰富的树脂，在工业上及医药上有广泛用途。贝壳杉别名新西兰贝壳杉、昆士兰贝壳杉、斐济贝壳杉、东印度贝壳杉。

几千年来，与地球上其他陆块隔离的新西兰，发展出许多独特的植物。贝壳杉这种笔直、高大、无节、木质坚韧、耐用的针叶树，便是其中一种极富经济价值的优良树种，也是世界上最好的木材之一。到底贝壳杉有多神奇呢? 沉没于沼泽中，树龄高达四万五千年的贝壳杉，至今仍未腐朽，可见其难以匹敌的耐久性与优越性。

19世纪，当来自欧洲的殖民者发现这种上好的木材之后，随即展开大规模的砍伐，因为它不仅是做船桅的绝佳材料，也是制作家具、建筑、火车枕木的不二选择。此外，贝壳杉的树胶也有很大的用途: 它是油漆、蜡烛的主要原料，也可作为义齿模型、火种等，毛利人甚至用它来当燃料煮食，照明都少不了它。

19世纪以来，由于殖民者大规模的砍伐，使得这种只产

于新西兰北岛，原本广达三百万公顷的贝壳杉，如今只剩约一万公顷，原始森林消失速度之快，让人不禁感叹；这又是一次人类过度砍伐的森林劫。

位于达格维尔北方的怀波瓦贝壳杉林保护区，是新西兰现存最大的贝壳杉林，游客可在此参观这种新西兰特有的原生树种，体验它的雄伟巨大。若是对早期殖民的贝壳杉伐木历史有兴趣，在达格维尔海洋博物馆，可看到完整的图片纪录，还有被炸沉的"彩虹勇士号"的纪念桅杆及各种贝壳杉树胶收藏品。

贝壳杉的叶子的长度通常达3～7厘米，在纹理上有1厘米的宽度，坚韧似皮革，而且没有叶主脉，它种子锥体球状，5～7厘米的直径，授粉约18～20月之后它就成熟了。

丹麦"橡树之王"

　　丹麦耶厄斯普里斯北部的森林里有一棵饱经风霜的古橡树。科学家估计"橡树之王"的树龄在1500～2000年，因此成为北欧最古老之树头衔的有力争夺者。虽然"橡树之王"在周围开阔的草地发芽，但生长在它周围的树木正慢慢逼近这棵古橡树，最终会令其完全失去生存的空间。

　　丹麦属温带海洋性气候。平均气温1月～2.4℃，8月14.6℃。年均降水量约860毫米。丹麦大部分地区气候与我国相似，介于北欧和中欧之间，属温带海洋性气候。　　　　　　　　　　　　　　　　　　　　（吕彦眉）

喀麦隆尔威兹加树

　　尔威兹加树主要分布在卡拉哈里沙漠中。树的个子很矮，整个树冠是圆形的，要是从正面看上去，就像是沙地上的小圆桌。每百年的生长高度只有28厘米，生长直径2.5厘米，被称为"世界上生长速度最慢的树"，要是和毛竹的生长速度相比，真像老牛追汽车。尔威兹加树要长333年，才能达到毛竹一天生长的高度。

　　它生长为什么如此慢呢？除了它的本性以外，沙漠中雨水稀少，天气干旱，风又大，这也是重要原因。

　　它花开百日而不衰，由于养分消耗巨大，花落之后便呈枯死状，其实是进入休眠期，要等到第二年才能醒来开花结果。

　　卡拉哈里沙漠的气候植被与撒哈拉沙漠又不完全相同，因降水稍多而有一定植被覆盖。卡拉哈里沙漠自西南向东北变化。西部为沙漠，高达100米

的沙丘上生长着肉质植物与灌木。北部与东北部降雨较多，为热带干草原与热带稀树草原。在短暂的雨季中，植物繁盛，地面覆盖着丰富的草场，还有一片浓密的矮树丛和高大的树林。

（蒋景香）

知识链接

尔威兹加树：自然界树木生长的速度，真是千差万别，有的快得惊人，有的慢得出奇。在卡拉哈里沙漠中，有一种名叫尔威兹加树，个子很矮，整个树冠是圆形的，要是从正面看上去，就像是沙地上的小圆桌。它的长高速度慢极了，100年才长高30厘米。要是和毛竹的生长速度相比，真像老牛追汽车。尔威兹加树要长333年，才能达到毛竹一天生长的高度。花开百日而不衰，由于养分消耗巨甚，花落之后便呈枯死状，其实是进入休眠期，要等到第二年才能醒来开花结果。尔威兹加树生长为什么如此慢呢？除了它的本性以外，沙漠中雨水稀少，天气干旱，风又大，这也是重要原因。

尔威兹加树被称为"世界上生长速度最慢的树"，它与北极林带的希特卡云杉（每百年的生长高度只有28厘米，直径2.5厘米）被称为"世界上生长速度最慢的树"，它主要分布在卡拉哈里沙漠中。生长在中国云南、广西及东南亚一带的团花树，一年能长高3.5米，被称为"奇迹树"。生长在中南美洲的轻木，要比团花树长得更快，它一年能长高5米。

澳大利亚猴面包监狱树

　　酒瓶树，是在澳大利亚地区发现的唯一一种猴面包树，它一般长得不高，大约在5~15米，但是它们却和同类一样有着水量丰富的巨粗树干（直径5米左右），有时候树干还会连在一起。在19世纪，有的中间被挖空的树干还能充当"树监狱"，到如今还有很多仍屹立不倒。

　　猴面包监狱树坐落于澳大利亚德比南部，是一棵巨大的格雷戈里猴面包树，树干上有一个大洞。19世纪90年代，这棵树曾用于关押澳大利亚土著人囚徒。

　　猴面包监狱树现在是当地的一个著名旅游景点，四周修建了围栏，以防止遭到恶意破坏。　　　　　　　　　　　　　　　　　　（钱文奇）

澳大利亚桉树王

在澳大利亚，你能看到的树大部分都是桉树，桉树几乎无处不在，在平原丘陵、在山地密林都有生长。

在霍巴特的温带雨林里，有一棵生长了200多年的桉树，要十几个人手牵手才能围拢，树高80米。它站在密林里，看日出日落、斗转星移、峥嵘岁月在它的身上留下了深深的印记。

桉树是澳洲的国树，它浑身是宝，树叶可提炼芳香油，嫩枝可提炼栲胶，木材和树皮可造纸、它在肥沃贫瘠的土壤中都能茁壮成长，它高大挺

拔，最高可长到100多米，木材坚硬，可用来做电线杆和枕木。树皮脱落后树干呈灰色，在路边耸立的笔直的电线杆，绝大多数是桉树的树干。

（封尉馨）

知识链接

桉树：又称尤加利树，是桃金娘科桉属植物的统称。常绿高大乔木，约六百余种。常绿植物，一年内有周期性的枯叶脱落的现象，大多品种是高大乔木，少数是小乔木，呈灌木状的很少。树冠形状有尖塔形、多枝形和垂枝形等。单叶，全缘，革质，有时被有一层薄蜡质。叶子可分为幼态叶、中间叶和成熟叶三类，多数品种的叶子对生，较小，心脏形或阔披针形。原产地主要在澳大利亚大陆，19世纪引种至世界各地，到2012年，有96个国家或地区有栽培。有药用、经济等多种价值。

生于阳光充足的平原、山坡和路旁。全年可采叶。中国南部和西南部都有栽培。桉树的树冠小，透光率高，有利于树丛下草的生长。树冠小，蒸腾作用也小，是节水树种。一般造林后3～4年即可开花结果。

桉树造纸早在20世纪初期就已经开始了，桉树的纤维平均长度0.75～1.30毫米，它的色泽、密度和抽出物的比率都适于制浆。还有许多大型的造纸厂用桉树制造生产牛皮纸和打印纸。桉树木材中的纤维素，可先制成溶解木浆再加工成人造丝。

桉树品种有蓝桉、直杆桉、史密斯桉、大叶桉、小叶

桉、赤桉等。其中蓝桉和直杆桉是用来提取桉叶油的主要品种。桉叶油含桉叶醇，为无色或淡黄色液体，具有刺激性清凉香味，主要用于牙膏、漱口剂、食品及医药等方面。蓝桉、直杆桉树种优良，利用其枝叶提取桉叶油，质地最佳。

澳大利亚科学家利用X光射线在桉树的叶子中发现了微量黄金，据悉这是人类首次在生物体内发现自然存在的黄金。树叶中所含的黄金量非常少，500棵生长于金矿区的桉树的叶子中的含金量可能才够打造一枚婚戒，因此这一发现不会给寻金者带来财富。不过，科学家指出，这一发现有助于人们以更环保和廉价的方式勘探黄金。

桉树的树根可以食用也可以取水。也有的地方用桉树作为燃料。有许多桉树的叶子可以用做饲料。用桉树鲜叶，采用水上蒸馏法可生产桉树油（得油率0.5%～1.8%）。桉树主要含桉叶油素（65%～75%）、萜烯、异戊叶油、葛缕酮、胡薄荷酮、胡椒酮等成分。还可以作口腔、鼻炎、祛痰、清凉油、祛风膏等药用原料。

柬埔寨塔布隆寺之树

　　这些树是在柬埔寨塔布隆寺的遗址中长出来的，由一大一小两棵树缠绕在一起生长。其中较大的树是丝绵树，较小的是无花果树，每年引来了成千上万的游客来此一睹它们的奇形怪状。

　　在这里，你会被自然生命力的顽强与张狂所震撼，粗壮的古树与斑驳的古寺交相映衬，百年老树将神庙紧紧缠绕。亲身穿梭在昏暗的宫殿遗址中，仿佛穿越时光，回到那个久远的年代。

　　1992年，联合国教科文组织将吴哥古迹列入世界文化遗产名录，同时也

将它列入濒危世界文化遗产名单。法国、德国、日本、中国等国家先后参与到对吴哥古迹的抢救和维修工程中来，采用分析重建术复原吴哥窟，无数散件归位，树木杂草被清除。

因为有生命的参与而活泼。整座寺庙都被巨大的树木包围，密密麻麻的树根如巨蟒，紧紧缠住它们能抓住的一切，与古庙纠缠千年，直到成为一体。热带的气候让它的生长格外有力，树根像一只张开的手紧紧地抓住石墙，然后深深地扎入土地。枝丫高高地伸向天空，有些还插入较低的护栏，让它破碎、跌落。

（封齐炳）

塔布隆寺：塔布隆寺是吴哥窟建筑群中最大的建筑之一。包括260座神像、39座尖塔、566座官邸。考古学家们解码寺中一块梵语石碑后得知，当年塔布隆寺覆盖了3140个村庄，维持寺庙运作须花费79365个人力，包括18名高级牧师、2740名官员、2202名助理和615名舞蹈家，内有一套重达500多千克的金碟、35颗钻石、40620颗珍珠、4540颗宝石……作为吴哥最具艺术气氛的遗迹，塔布隆寺的吸引力在于，跟其他寺庙不同，他几乎被丛林所吞噬。

除了蔚为奇观的自然景象外，庙内的各种浮雕也极为精彩，而神殿内供奉的则是"智慧女神"，据说是阇耶跋摩七世依据母亲的容貌所雕塑。除了特别的"逾城出家"山形墙外，还有不少好看的雕刻，包括佛陀的事迹，还有大地女神普黛维手握发辫的形象。塔布隆寺还有一个极为特殊的建筑物叫"敲心塔"，最初是特别为国王设立的建言室。特殊的

椎状建筑设计使两旁回音大，中间回音小。如果站在塔里背靠在墙上仰望天空，然后拍打自己的胸膛，整个塔内就会发出洪亮的回音。

塔布隆寺是阇耶跋摩七世为母亲而建的寺庙，是一座佛教寺庙。不知道这是不是跟皇帝母亲笃信佛教有关，带有佛教印记的物品，大到寺庙小到饭钵，无不圆融通透。想来阇耶跋摩七世国王应该是个心思缜密、敏感且温柔之人，塔布隆寺在他的主持下既反映了佛教的精神，又充分运用了高棉的建筑语言，且符合主人的身份，建造得柔美、华丽，女性气息十足。

1992年，联合国教育科学文化组织将吴哥古迹列入世界文化遗产名录，同时也将它列入濒危世界文化遗产名单。法国、德国、日本、中国等国家先后参与到对吴哥古迹的抢救和维修工程中来，采用分析重建术复原吴哥窟，无数散件归位，树木杂草被清除，危危然欲倾之大厦在木头架子的支撑下仍然透露出摇摇欲坠。但塔布隆寺至今未作任何的修复，完全保存了发现之初的景象。

巴林生命的奇迹

世界上长寿的无性系树木不胜枚举，但是从来没有一棵树能在没有任何水源的沙漠中心存活超过400年，除了这棵位于巴林的杰贝尔杜汉地区的牧豆树。它在巴林被认为是一种生命的奇迹，所以也叫"生命之树"。

牧豆树，是牧豆属植物的通称。共分两类：高树种类高约15米，另一种则低矮而广布，或称匍匐牧豆树。根可深达20米以吸收水分。羽状复叶，橄榄绿色或被白毛。花奶油色，密生成萘黄花序。荚果狭长，淡黄色。

巴林属热带沙漠气候，夏季炎热、潮湿，7月～9月平均气温为35℃。冬季温和宜人，11～4月气温在15～24℃。年平均降水量77毫米。

（邹盈璐）

牧豆树： 是豆科含羞草亚科牧豆树属的植物，牧豆树属约45种，分布在热带及亚热带，主产美洲，少数产亚洲及非洲。常见商品材树种为牧豆树。

牧豆树为落叶乔木，高可达12米，直径达1.2米；常作为观赏树种栽培，也可用作干旱地区造林和水土保持树种，生长速度中等。主要分布巴西、哥伦比亚、委内瑞拉、墨西哥等地。

牧豆树，是牧豆属植物的通称，具刺灌木或小乔木，分布于南美洲至美国西南部，形成范围广阔的植物丛。共分两类：高树种类高约18米，另一种则低矮而广布，或称匍匐牧豆树。根可深达15米以吸收水分。羽状复叶，橄榄绿色或被白毛。花奶油色，密生成葇荑花序。荚果狭长，淡黄色。在美国温暖地区，牧豆树被视为杂树并被清除。牛只吃其荚果（果肉味甜），木材（以前用作铁路枕木）2013年只用于制作特殊的家具和小型饰品，以及具有香味的薪材。

牧豆树的花朵，叫花序，它是由许多小花组成的。花序的形态有许多种，向日葵也是一种花序，牧豆树的这种花序称葇荑花序。多种牧豆树组成一个牧豆树属归在豆科下。它们是一些带刺的灌木或小乔木。牧豆树的生命力极强，它们的根可深达15米。因为牧豆树带甜味的果实可用来饲养牲畜，因此一些本不生长此物种的地方将它们引种，结果这些植物反而泛滥成灾。有些牧豆树的树干直径可达45厘米，可以当做木材，但经济价值并不大。牧豆树的花序长约8厘米，结出的荚果或长达15～20厘米。

南非巨大的猴面包树

　　南非克鲁格禁猎区内的这棵猴面包树树龄大约为2000岁。在南非，一些树龄超过2000岁的猴面包树巨大的树洞，常常成为动物们栖息的场所。人类有时也会利用这些树洞作为监狱、厕所等。

　　南非的气候可以划分为5种截然不同类型的地区：沙漠和半沙漠类型地区、地中海类型地区、热带草原类型地区、温带草原类型地区和雨林类型地区。南非绝大部分地区属于热带草原类型气候，夏季多雨，冬季干燥。南非南北虽然跨越了13个纬度，但南北气温和气候差异并不明显。影响气温的因素主要是地势的高低和洋流的不同。由于受印度洋暖流和大西洋寒流的影

最美古树名木
国外之贵

响，南非东海岸和西海岸的气候差异非常明显。东部温暖、潮湿，而西部则比较干旱。

（鲁均明）

知识链接

克鲁格国家公园：是南非最大的野生动物园，位于德兰士瓦省东北部，勒邦博山脉以西地区。毗邻津巴布韦、莫桑比克二国边境。公园长约320千米，宽64千米，占地约2万平方千米。园中一望无际的旷野上，分布着众多的大象、狮子、犀牛、羚羊、长颈鹿、野水牛、斑马、鳄鱼、河马、猎豹、牛羚、黑斑羚、鸟类等异兽珍禽。植物方面有非洲独特的高大的猴面包树。每年6～9月的旱季是入园观览旅行的最好季节。年均游客25万以上。公园总部设在斯库库扎。

克鲁格国家公园（Kruger National Park）创建于1898年，由当时布耳共和国最后一任总督保尔·克鲁格（Paul Kruger）所创立。保尔·克鲁格为了阻止当时日趋严重的偷猎现象，保护萨贝尔（Sable）河沿岸的野生动物，宣布将该地区划为动物保护区。随着保护区范围不断扩大，完美地保持了这一地区的自然环境和生态平衡，克鲁格是世界上自然环境保持最好的、动物品种最多的野生动物保护区。

1998年南非国家公园管理局正式庆祝克鲁格国家公园成立一百周年。为了使动物能够更毫无阻碍地自由迁移，南非政府考虑推动一项"和平公园计划"，依照计划将克鲁格的东方边界扩展到邻国莫桑比克，北边延长到津巴布韦的玛那瑞胡国家公园。如此一来，整个公园的面积将达95712平方千米，成为世上最大的动物保护区之一。从此，备受争议、耗费庞大的动物筛选和人工迁移的问题，可望一劳永逸地解决。

英国黑暗树篱

沿着北爱尔兰Bregagh路在阿莫伊（Armoy）村附近有一个被当地人称为"黑暗树篱"的地方。在过去的3个世纪里，这片山毛榉树相互交错在一起，用光与影创造出一片效果相当完美的缥缈景色，并一直守护着这条路。这条美幻得如同绘画的榉树隧道，位于北爱尔兰贝尔法斯特，距今已有大约300年的历史。

据称在18世纪，詹姆斯·斯图尔特种植下了150棵山毛榉，以在路途中向前来他庄园的宾客炫耀。如今这里已成为北爱尔兰的著名景点，是世界上最值得拍摄的地方之一。

（钱佳光）

黑暗树篱： 坐落于北爱尔兰安特里姆区的巴利马尼小镇，距离世界自然遗产"巨人之路"及其海岸仅15英里（约24.14千米），距今已有大约300年的历史，这种貌似只有在插画中出现的道路，竟真的存在于北爱尔兰，让人惊叹不已。黑暗树篱位于北爱尔兰地区阿莫伊村附近，被誉为世界上最美的十条树木隧道之一。这条童话般的道路，像是童话中才有的景象，吸引了众多知名艺术家和摄影爱好者到来。也许正是由于黑暗树篱的美丽和与众不同，近年来成为闻名遐迩的婚纱照拍摄之地。黑暗树篱已经成北爱尔兰最上镜的自然景观之一，也是世界最具吸引力的景点，每年都会吸引世界各地游客的到来，观赏这里的童话之美。

黑暗树篱本身也有一些离奇乃至恐怖的故事，其中比较出名的是"Grey Lady"——一位据说经常在这条路上游荡的女鬼。很多人相信"Grey Lady"是一名在豪宅内身亡的女仆，也有人说她是从坟墓里跑出来的鬼魂，隐藏在附近的田野里。这些传说为黑暗树篱增添了许多神秘色彩。因为缥缈迷人的景色，黑暗树篱也成了不少影视作品的取景地，其中最有名的莫过于美剧《权力的游戏》。在剧中，该地被当做连接北境长城、君临、风息堡的重要交通枢纽——国王大道。

美国总统树

　　"总统"树有着73.46米的惊人高度，直径8.23米。被国家地理杂志报道为世界上第二大的巨型红杉。 它高耸入云，抬起头来似乎无法一眼看尽，就像仰望着伟人一样。

　　这棵巨树位于美国加利福尼亚州，海拔5000英尺的内华达山脉西坡上。在它的下面，还有许多比它矮小得多的一群红杉树围绕着。

　　它已经生长了大约3200年，木材体积达1274立方米，估计树上的分枝多达20万。还有就是，它以每年生长1立方米木材的速度，成为世界上生长最快的树木。

　　这棵高达20层楼的巨树，展现出来的全貌绝对让人震惊。

　　现在这些巨树都是受保护的，但在美国以前的历史上，树木是可以随意砍伐的。这棵"总统树"幸存了下来。 　　　　　　　　　　（程　凤）

| 希腊巴尔干松

　　欧洲年龄最高且依然健在"居民"名为"阿多尼斯"，是一棵1075岁的巴尔干松。据美国有线电视新闻网报道，"阿多尼斯""家住"希腊北部品都斯山脉。瑞典斯德哥尔摩大学、德国约翰内斯•古滕贝格大学和美国亚利桑那大学的研究人员日前去往这一地区，发现了这棵欧洲已知最古老树木，并将这一消息公之于众。研究人员对这棵古树的中心部分进行了取样，测量结果显示其树干直径达1米。

　　巴尔干松是马其顿松的中文别名，分布于巴尔干半岛，包括南斯拉夫、马其顿、保加利亚、希腊和阿尔巴尼亚。　　　　　　　　　　（黄登棉）

美国友谊树

友谊树属于吉野樱，位于华盛顿特区潮汐湖畔的国家广场和纪念公园。1885年，《国家地理》早期的作家、摄影师和编辑伊丽莎首次访问日本，非常喜欢东京盛开的樱花。回家后，她请求华盛顿特区的官员，种上那些她在日本国会大厦周围贫瘠的地区见过的树。当时的第一夫人海伦•塔夫脱利用影响力确保这个想法成功实现。

1912年3月27日，日本政府赠送的第一批3000棵樱花树种植在了潮汐盆地。他们在春天开花，成为了一年一度的全国樱花节的核心。"日本人给我们的是他们最喜欢的，"伊莉莎写道，"他们自己的山花，是日本的灵

魂。"当她1928年去世后，她的骨灰埋在横滨。一棵日本赠送华盛顿的樱花树俯视着她的墓地。春天，漫天的粉色花朵盛开着，像是粉色的地毯一样覆盖在地面。

（熊　毅）

知识链接

樱花：原产北半球温带环喜马拉雅山地区，在世界各地都有生长，主要在日本生长。花每枝3到5朵，成伞状花序，花瓣先端缺刻，花色多为白色、粉红色。花常于3月与叶同放或叶后开花，随季节变化，樱花花色幽香艳丽，常用于园林观赏。樱花可分单瓣和复瓣两类，单瓣类能开花结果，复瓣类多半不结果。

据文献资料考证，两千多年前的秦汉时期，樱花已在中国宫苑内栽培。唐朝时樱花已普遍出现在私家庭院。当时万国来朝，日本朝拜者将樱花带回了东瀛，其在日本已有1000多年的历史。樱花象征热烈、纯洁、高尚，被尊为日本国花。

樱花花期3月中下旬，花先叶开放，花朵有5枚花瓣，花色由淡红色逐渐转白，开花量特大。耐旱性强，耐盐碱，对土壤条件要求不严，生长势健壮。可孤植，可群植，也可作为行道树栽植。"一叶樱"与"普贤象樱"极为相似，均花叶同放，重瓣，花色淡红，但不同之处在于"普贤象樱"通常2枚雌蕊叶化且幼叶红褐色可以区别。"一叶樱"花期较早，花叶同放，幼叶黄绿色，花色较为淡雅。

美国月神树

　　在美国加州北部有一株红木，被称为月神，在其上千年的生命历程中，它曾与环保活动家茱莉亚·希尔有过短暂交集。1997年，太平洋伐木公司计划砍伐这片森林，希尔爬到这棵树上抗议，在树上待了2年多。她住在离地55米高的小吊帐中，经历了风霜雨雪的洗礼。最终，太平洋伐木公司同意了保护地役权。2000年，这棵树遭到电锯切割，留下了一个1米深的裂缝。为了使其保持稳固，人们安装了钢支架和绳索，如今它依旧在茁壮成长。

（江　斌）

茱莉亚·希尔（Julia Lorraine Hill）：在美国的环境保护史上，是一位值得一提的环保运动人士，她最为人津津乐道的"壮举"是为了保护树木不被砍倒，在一棵高55米、有着千年树龄的加州红木上生活了738天，成为当时社会的热门话题，引发大量辩论及媒体报道，大大推动了环保意识的普及以及环保运动的发展。此后希尔成为专业环保人士，成立了自己的非营利公司并到各地演讲推动环保。

1997年12月10日，希尔几乎用了一个半小时爬上了高55米的千年红木大树，在其他人的帮助下，在树上搭建了个小篷子，并在这个小篷子里一直住到1999年的12月18日。在两年多的日子里，希尔没有下过地，日常生活中的一切活动，吃喝拉撒都是在树上完成的，不仅要顶烈日、抗严寒，还要面对伐木工人的威吓以及木材公司派遣直升机的骚扰，艰难程度非一般人能够忍受。随着希尔在大树上生活的日子越来越长，媒体、社会大众对她的关注也越来越多，希尔常常在树上接受媒体采访，要求太平洋木材公司不要继续砍伐古老的加州红木。受到舆论的强大压力，最后太平洋木材公司不得不与希尔达成协议，保证不将她居住的这棵大树及其周围三英亩（约1.21公顷）的红木锯掉，希尔这才结束住在树上738天的生活，返回地面。

希尔成名后，成立了自己的环保组织，出版了回忆录"The Legacy of Luna"，这本书很快就成为畅销书，请她在书上签名的读者，常常排成长龙，有时甚至要等一个半小

时。希尔也到处演讲，宣传环保意识，每年可以接到500多场演讲邀请。

希尔在演讲中经常鼓励民众要团结起来与不负责任、破坏环境的企业抗争，为自己的生存和地球共同的未来抗争。她说"我们生活在一个充满难题的世界，解决这些难题的良方就是我们自己。"环保不仅仅是保护环境，也是尊重生命、守护普世价值的一部分。每一个人都应该问自己："我可以为环保做什么？"

波兰弯曲的森林

　　奇怪形状的弯曲森林位于波兰的西部，在这片森林里大约有400棵松树，大部分树木刚开始平行于地平生长，到一定时间才90°拐弯生长。

　　人们普遍认为这片森林是被诅咒的，或是在森林里被施过一些奇怪的黑魔法，然而却没有类似报道证实。据说一些早期人类用发明的工具或技术使树木成为这样的形状，遗憾的是并不清楚这样做的原因。

（伍兆斌）

波兰共和国（The Republic Of Poland）：简称波兰，是一个位于中欧、由16个省组成的民主共和制国家。东与乌克兰及白俄罗斯相连，东北与立陶宛及俄罗斯的飞地加里宁格勒州接壤，西与德国接壤，南与捷克和斯洛伐克为邻，北面濒临波罗的海。

波兰在历史上曾是欧洲强国，后国力衰退，并于俄普奥三次瓜分波兰中亡国几个世纪，一战后复国，但不久又在二战中被苏联和德国瓜分，冷战时期处于苏联势力范围之下，苏联解体后，加入欧盟和北约。

波兰是一个发达的资本主义国家，近年来无论在欧盟，还是国际舞台的地位都与日俱增，自1918年11月11日恢复独立以来，经过90年的高速发展，特别是在21世纪初的几年里，波兰已经成为西方阵营不可或缺的一份子。

美国婚礼橡树

　　在美国德克萨斯州圣萨巴镇外有一棵槲树，被称为婚礼橡树，传说美洲原住民会在树下举行会议、各种仪式和婚礼。

　　很久很久以前，人们就将树木与爱情相联系。例如在希腊的神话中，俄尔普斯前往冥界试图复活爱妻欧律狄刻的时候，用七弦竖琴为她演奏了一曲情歌，结果使冥界长出了一片榆树林。德国的传说中，如果一对新婚夫妇的房屋前面栽种两棵槲树，以后生活就会幸福美满。维多利亚时代，洋槐树象征着跨越生死的爱情。

（江美婕）

国外之贵

提名奖

◎ 美国加州红杉 ◎ 美国南北战争见证树 ◎ 美国同根同祖白杨

◎ 美国篮子树 ◎ 美国圣母关怀之家橡树

◎ 美国『亚特兰大粉碎机』木兰 ◎ 美国吉尔伯特家的橡树

◎ 美国亚特兰大纪念公园郁金香杨树 ◎ 美国莎莉树 ◎ 美国康奈利自然公园白橡树

◎ 美国迪凯特娱乐中心木兰 ◎ 美国深沙地公园白橡木 ◎ 美国皮埃蒙特公园『攀登木兰』

◎ 美国诉说故事的树 ◎ 美国奥克兰公墓木兰 ◎ 美国佐治亚理工大楼白橡木

◎ 美国以色列浸信会教堂红橡木 ◎ 美国霍华德公园白蜡树 ◎ 美国『梦想』柳橡树

◎ 美国最高的山茱萸 ◎ 美国迪凯特战役白蜡树 ◎ 美国『翠柏之谜』 ◎ 美国迪克曼教授木兰……

美国

美利坚合众国（United States of America），通称美国，是由华盛顿哥伦比亚特区、50个州和关岛等众多海外领土组成的联邦共和立宪制国家。其主体部分位于北美洲中部，领土面积为963万平方千米，人口3.2亿，通用英语，是一个移民国家。

国花：玫瑰花。国树：橡树。国鸟：白头海雕。

美国加州红杉

美国加利福尼亚州有一棵750岁高龄的红杉，是沿着草地树林小径中100棵"巨人"中的一棵，位于加利福尼亚州红杉国家森林，已为它们设立了巨大的红杉国家纪念碑。

红杉树国家公园成立于1890年，是美国第三个国家公园，位于美国西部加利福尼亚州西北的太平洋沿岸，拥有世界上最高大的植物——可长到350英尺（106.68米）的红杉树常青原始森林。国家公园内有世界上现存面积最大的红杉树林，其中百年以上的老林区有170多平方千米。这里靠近海洋，气候温和湿润，为红杉的生长创造了极为有利的条件。　　　　　　　（樊革民）

美国南北战争见证树

　　1862年12月，沃尔特·惠特曼在弗雷德里克斯堡战役的伤亡名单上看到哥哥的名字，当下决定出发前往这场最致命战役的战场附近的医院寻找哥哥。在此过程中他见证了战争惨绝人寰的一面。在临时战地医院查塔姆庄园，他看到大量截肢被扔到窗外的两棵梓树下，堆积成一座小山。惠特曼的哥哥只是脸上受了伤，并不在那里，但惠特曼12月余下的时间里一直待在那里，帮士兵们包扎伤口，替他们写信，为他们读书。

　　弗雷德里克斯堡之役为美国南北战争中期（1862年末）的一场重要战

役，场面浩大，参与将士达18万人。

（吴均武）

南北战争： 即美国内战，是美国历史上唯一一次内战，参战双方为北方美利坚合众国和南方的美利坚联盟国，最终以北方联邦胜利告终。战争之初，北方为了维护国家统一而战，后来，演变为一场消灭奴隶制的革命战争。

南北战争是工业革命后的第一次大规模战争，在此期间确立了战术、战略思想、战地医疗等现代战争的标准。参战的350万人中绝大多数为志愿兵。战争造成75万士兵死亡，40万士兵伤残，相关协会估计阵亡人数可能更多，不明数量的平民也受到波及。

南北战争给当时的欧罗巴观察家留下了深刻印象，卡尔·马克思说，南北战争代表了军事史上绝无仅有的大战争。南北战争具有极伟大的、世界历史性的、进步的和革命的意义。

弗雷德里克斯堡之役为美国南北战争中期（1862年末）的一场重要战役，场面浩大，参与将士达18万人，为期5日（12月11日至12月15日）。此战役中，联邦的波多马克军团承受了惨重的伤亡，而联盟的北弗吉尼亚军团则以打败敌军换取圣诞节的平安。

此役中，联邦军队共7个师向玛莉高地发动了16次进攻，却一无所得，反而承受极沉重的代价：估计有12653人伤亡及失踪，其中伤重者两人为将军，乔治·贝亚德及康拉德·杰

149

克森，而且无任何一人能够爬上石墙；玛莉高地上的联盟军则只有1200人伤亡。李将军因此说"幸好战争是如此骇人，否则我们会打到乐此不疲。"不过，联盟军的两位将军同告阵亡。

在联邦军这16次进攻中，爱尔兰旅是众部队中最成功的一个，但因而失去了一半的军力。朗斯特里特后来写："这些孤注一掷和血肉横飞的冲锋，都是完全无望成功的。"

伯恩赛德原打算派第九兵团作最后一击，但最后同意与李将军达成协议，于是联邦军队撤离弗雷德里克斯堡。

美国同根同祖白杨

　　白杨其实是很普通的一种树，不太讲究生存条件，换句话说生命力相当顽强。 而下面要说的这一些白杨，组成了一片树林，却是同根同祖的。

　　它不知道是什么时候来到了美国的犹他州，据估计要在至少80000年以前。它从最初的一颗小树苗，发展到这样一个庞大的家族，总共47000多棵，占地650亩，总重量超过6600吨。它们的根在地下紧紧地连接在一起。

　　白杨原产北半球，较其他杨属植物分布于较北较高处，以叶在微风中摇摆，树干非常直而闻名。因分蘖快，多生长成林，罕见单株者，甚有益于自然景观。树皮灰绿平滑，分枝自然；绿叶茂密，转为鲜黄；雌雄异株，春天葇荑花序先叶开放。　　　　　　　　　　　　　　　　　　（万平洪）

最美古树名木
国外之贵

白杨： 落叶乔木，高约30米，胸径约1米，树干通直，树皮灰绿至灰白色，皮孔菱形，老树基部黑灰色，纵裂。幼枝被毛，后脱落。叶芽卵形，长枝叶宽卵形或三角状卵形，长10～15厘米，先端短渐尖，基部心形或平截，具深牙齿或波状牙齿，下面密被绒毛，后渐脱落，叶柄上部扁，长3～7厘米，顶端常有2～4腺体；短枝叶卵形或三角状卵形，先端渐尖，下面无毛，具深波状牙齿，叶柄扁，稍短于叶片。花芽卵圆形或近球形，雄花序长10～14厘米，苞片密被长毛，雄蕊6～12；雌花长椭圆形，花序长达14厘米。果圆锥形或长卵形，2裂。花期3～4月，果期4～5月，蒴果大。

强阳性树种。喜温凉、湿润气候。在早春昼夜温差比较大的地方，树皮常冻裂，俗称"破肚子病"。在暖热多雨气候下，易受病虫危害，生长不良。对土壤要求不严，在深厚肥沃、湿润壤土或沙壤土上生长很快。在干旱瘠薄、低洼积水的盐碱地及沙荒地上生长不良，病虫害严重，易形成"小老树"。稍耐盐碱，大树耐水湿，深根性，根系发达，根际萌蘖性强，生长较快，耐烟尘，抗污染。寿命是杨属中最长的树种，长达200年。

美国篮子树

篮子树是喜欢改造树木的瑞典籍美国农民阿历克斯·厄尔兰德森的杰作，号称世界上最怪异的树。当他还是个小男孩的时候，和他的家人从瑞典搬到美国加利福尼亚。到他41岁时，阿历克斯·厄尔兰德森开始把给树塑形作为一种业余爱好。他的设计变得越来越复杂，最后他开了一个环形树家园。

为了创作这种特别的篮子树，阿历克斯·厄尔兰德森将六棵梧桐树嫁接一起围成一圈。当孩子们问他是怎样使树木长得像这样的时候，他会简单地回答说："我和他们说话。"

篮子树生长在加州的吉尔罗伊花园，是这座私人主题花园的明星。吉尔罗伊花园家庭主题公园（原名邦凡特花园）是一个花园主题的家庭主题公园。公园有22个游乐设施和五个景点。公园由米切尔·邦凡特设计和建造，于2001年7月开业，目前属于吉尔罗伊市。

（姚静薇）

美国圣母关怀之家橡树

　　美国圣母关怀之家的樱桃树皮橡树被测定为美国亚特兰大最大的树，它是一棵已经170年的老橡树。1939年，两名霍桑多米尼加修女被分配到亚特兰大一个为绝症癌症患者建立的临终关怀之家。关怀之家现在位于特纳街对面，以一个"L"形的空间包围着这棵树，患者们向窗外望去时可以清楚地看到它。

（韩　娅）

临终关怀医院，原意是指在欧洲中世纪时一些向贫困的老人、孤儿、旅行者、流浪汉提供住所和食物等的修道院及寺庙。临终关怀医院与综合医院不同，除了对那些即将死亡的患者及其家属提供医疗外，还包括社会福利和服务性质的帮助的场所。

1974年，美国首家临终关怀医院建立。1982年，国会颁布法令在医疗保险计划（为老年人的卫生保健计划）中加入临终关怀内容，这为病人提供了享受临终关怀服务的财政支持，同时也为美国临终关怀产业的发展奠定了基础。政策的变化使得各地出现临终关怀浪潮。近些年来，美国的临终关怀服务在处理复合性疼痛和症状方面的能力逐步增加，服务机构从小的、自愿组织发展到各种正规的非营利和营利机构。

临终关怀团队对临终病人实施心理关怀，帮助患者接受自己、明白生老病死是生命的自然规律，正确认识自己生命的价值，适应角色的转换，满足病人的生理、心理和社会的需要，使病人能在有限的日子里，在人生的最后岁月中，在充满人性温情的氛围中，安详、宁静、无痛苦、舒适且有尊严地离开人世，达到更理性、更平静地接受死亡。目的在于减轻临终病人的心理负担，其中尤其是解除病人对疼痛及死亡的恐惧和不安。同时，医护人员指导家属积极配合医生，在生理、心理及社会需要各方面给予病人帮助和关怀，达到逝者死而无憾、生者问心无愧的目标。

美国"亚特兰大粉碎机"木兰

　　美国亚特兰大最著名的体育明星住在庞塞德利昂附近。1907年以来，美国"亚特兰大粉碎机"木兰成为了庞塞德利昂球场的一部分。庞塞德利昂球场被认为是小联盟中最好的场地之一，是"亚特兰大粉碎机"队和黑人联盟亚特兰大"黑色粉碎机"队的主场。树在场地的右外野，这诞生了棒球史上唯一的关于一个球击中一棵树的故事。巴比·鲁斯和艾迪·马修斯都打出过穿过这棵树分枝的本垒打。1990年，亚特兰大粉碎机队的所有者厄尔曼的骨灰被埋在这棵树的树根下。

　　如今在树下地面中间立着一块牌匾，以纪念这个著名球场的历史。

（钟蝶辰）

木兰：落叶乔木，高达25米，胸径1米，枝广展形成宽阔的树冠；树皮深灰色，粗糙开裂；小枝稍粗壮，灰褐色；冬芽及花梗密被淡灰黄色长绢毛。叶纸质，倒卵形、宽倒卵形或倒卵状椭圆形，基部徒长枝叶椭圆形，长10～15（18）厘米，宽6～10（12）厘米。花蕾卵圆形，花先叶开放，直立，芳香，直径10～16厘米；花梗显著膨大，密被淡黄色长绢毛；花被片9片，白色，基部常带粉红色，近相似，长圆状倒卵形，长6～8（10）厘米，宽2.5～4.5（6.5）厘米；雄蕊长7～12毫米，花药长6～7毫米，侧向开裂；药隔宽约5毫米，顶端伸出成短尖头；雌蕊群淡绿色，无毛，圆柱形，长2～2.5厘米；雌蕊狭卵形，长3～4毫米，具长4毫米的锥尖花柱。聚合果圆柱形（在庭园栽培种常因部分心皮不育而弯曲），长12～15厘米，直径3.5～5厘米。花期2～3月（亦常于7～9月再开一次花），果期8～9月。

观赏花木，紫玉兰是中国著名的珍贵观赏植物，尤其是在寺院中常有种植，固有木笔之称；也可在深色背景前成片种植，园林效果极佳。花蕾入药，称辛夷（辛夷是此植物的别名，但主要是药材名）。

材质优良，纹理直，结构细，供家具、图板、细木工等用；花含芳香油，可提取配制香精或制浸膏；花食用或用以熏茶；种子榨油供工业用。早春白花满树，艳丽芳香，为驰名中外的庭园观赏树种。

美国吉尔伯特家的橡树

　　美国亚特兰大西南部耶利米·吉尔伯特的房子后面可以找到两个相似大小的"温和巨人"——两棵巨大的橡树。

　　吉尔伯特的房子建于1868年，是这座城市最古老的建筑之一。吉尔伯特家族声称是亚特兰大许多的"第一"，包括耶利米的父亲是富尔顿县的第一个医生；耶利米的祖父是知名客栈白厅酒馆的主人等。

　　吉尔伯特家那些橡树，由于在亚特兰大历史中具有里程碑意义，已于1977年被树木审核委员会保护起来了，并在树下立牌标示。

（庞　燕）

美国亚特兰大纪念公园郁金香杨树

美国亚特兰大纪念公园的小小格兰特网球中心有一棵郁金香杨树。寻找这棵树就仿佛在无数的大脚怪中在一瞬间抓住一个，当你接近它时，也意味着将忽略溪边的安全警告标志而产生危险。

郁金香杨树是亚特兰大最高的物种之一，伊莱迪克森数据库显示，它是这个城市里最高的一棵树，树高为50.6米，比它实际看起来更高。

（邓飘雨）

知识链接

郁金香杨树：拉丁学名是Liriodendron tulipifera，是木兰科植物（magnolia），在木材业中叫黄杨木（Yellow Poplar），也叫郁金香树、山胡桃杨树和白木，但它们并不属杨树属（Populus）。郁金香杨树在美国东部的三分之一地区和加拿大安大略湖南部地区都有分布，是印第安纳州（Indiana）和田纳西州（Tennessee）的州树。

亚特兰大纪念园：位于亚特兰大北部郊区的巴克海特区，面积约为69英亩，1948年建成，许多二战归来的老兵在战争结束时定居在这里。

美国莎莉树

　　这株名为"莎莉"的山茱萸位于美国格兰特公园的西北边，该公园的"脸书"里为它设立了独立的页面。人们看着它，就仿佛它一直在求着你去爬它。虽然它离旁边的运动吧只有一箭之遥，但是树下不断飞扬尘土证明了正有多少小孩子穿着运动鞋从它的树枝上猛地一跳下地呢。

（邓天贵）

最美古树名木

国外之贵

知识链接

山茱萸：落叶乔木或灌木；树皮灰褐色；小枝细圆柱形，无毛。叶对生，纸质，上面绿色，无毛，下面浅绿色；叶柄细圆柱形，上面有浅沟，下面圆形。伞形花序生于枝侧，总苞片卵形，带紫色；总花梗粗壮，微被灰色短柔毛；花小，两性，先叶开放；花萼阔三角形，无毛；花瓣舌状披针形，黄色，向外反卷；雄蕊与花瓣互生，花丝钻形，花药椭圆形；花盘无毛；花梗纤细。核果长椭圆形，红色至紫红色；核骨质，狭椭圆形。花期3～4月；果期9～10月。

山茱萸先开花后萌叶，秋季红果累累，绯红欲滴，艳丽悦目，为秋冬季观果佳品，应用于园林绿化很受欢迎，可在庭园、花坛内单植或片植，景观效果十分美丽。盆栽观果可达3个月之久，在花卉市场十分畅销。

果肉内含16种氨基酸，含有生理活性较强的皂甙原糖、多糖、苹果酸、酒石酸、酚类、树脂、鞣质和维生素A、C等成分。其味酸涩，具有滋补、健胃、利尿等功效。主治血压高、腰膝酸痛、眩晕耳鸣、阳痿遗精、月经过多等症。

相传战国时期赵王有颈椎病，颈痛难忍，一位姓朱的御医用一种干果煎汤给赵王内服用，很快使赵王解除病痛。而后赵王问朱御医用了什么灵丹妙药，朱御医回答是山萸果，如若坚持服用，不但可治愈颈椎疼痛，还可安神健脑、清热明目。赵王听后大喜，令人大种山萸。为了表彰朱御医的功绩，就将山萸更名为山朱萸，后来人们将山朱萸写成现在的山茱萸，并逐渐流传了下来。

美国康奈利自然公园白橡树

在美国康奈利自然公园的东边一眼就能看到这棵白橡树，它被当地的园艺家所熟知。这棵特殊的白橡木拥有最大的周长，曾经被称为国家白橡木冠军，当时可能是作为遮阴树被种植的。

在20世纪60年代、20世纪90年代，关于这座公园已经发生不止一次争论。最近的一次争论是在2002年，最终亚特兰大树木保护主义者赢得了胜利，阻止了富尔顿学校董事会提出在这里建小学的提案。

（刘 志）

美国迪凯特娱乐中心木兰

　　美国迪凯特有一棵古老的木兰，一代又一代的迪凯特的孩子爬上这棵树繁茂的根系。其树冠很大，格鲁吉亚树艺家协会的尼尔·诺顿喜欢称之为"木兰室"。天气很好时，一些组织会在休闲中心这片树阴下召集会议。曾经的艾格尼丝·斯科特学院的恩人——乔治·华盛顿·斯科特，从1877年到1902年一直住在这里。

　　考虑木兰的年龄，这棵树可能是种植在那段时间。由于迪凯特地铁的建造，20世纪50年代斯科特的女儿将土地捐赠给了市政府。1958年市政府又建造了一个公园和娱乐中心，从而取代了斯科特（Scott）的老家。

（李蝶红）

美国深沙地公园白橡木

　　美国亚特兰大最古老的树位于深沙地公园。深沙地公园使用的是最大的奥姆斯特德线性体系，并不像它的姐妹公园是一种非常自然的状态。

　　这棵白橡木在2011年由Fernbank博物馆和肯尼索州立研究人员确定树龄为240年，比《独立宣言》更古老。

（吕　超）

165

美国《独立宣言》（The Declaration of Independence），是北美洲13个英属殖民地宣告自大不列颠王国独立，并宣明此举正当性之文告。

1776年7月4日，本宣言由第二次大陆会议（Second Continental Congress）于费城批准，这一天成为美国独立纪念日。宣言之原件由大陆会议出席代表共同签署，并永久展示于美国华盛顿特区之国家档案与文件署当中。此独立宣言为美国最重要的立国文书之一。

17、18世纪欧洲启蒙运动的思想家宣扬的天赋人权，社会契约，自由、平等、民主和法制，三权分立等思想原则，成为《独立宣言》的理论来源；英属北美殖民地资本主义经济的发展为《独立宣言》的发表奠定了物质基础；英属北美殖民地民族民主意识的不断增强，是《独立宣言》发表的内在动力；而独立战争爆发后，争取民族独立成为北美人民的首要任务，在此形势下，《独立宣言》的发表已是人心所向。1776年7月4日，在人民群众的强力推动下，第二届大陆会议通过了由杰斐逊等人起草的《独立宣言》。

《独立宣言》由四部分组成：第一部分为前言，阐述了宣言的目的；第二部分阐述政治体制思想，即自然权利学说和主权在民思想；第三部分历数英国压迫北美殖民地人民的条条罪状，说明殖民地人民是在忍无可忍的情况下被迫拿起武器的，力争独立的合法性和正义性；第四部分，也就是在宣言的最后一部分，美利坚庄严宣告独立。

　　《独立宣言》包含多名开国元勋之基本理念，其中若干日后获编入美国宪法中。1848年赛尼卡福尔斯会议的《感性宣言》以此为本。日后越南与津巴布韦等国之独立宣言亦本诸于此。在美国，独立宣言经常为日后之政治性演说所引用，如亚伯拉罕·林肯之堡葛底士堡演说，与马丁·路德·金博士之著名演说《我有一个梦想》。《独立宣言》也激励了人权和公民权宣言，即法国大革命中的根本宣言之一。

美国皮埃蒙特公园 "攀登木兰"

　　美国皮埃蒙特公园也许是亚特兰大的城市公园中拍摄树木最频繁的地方。有人爬上树，让别人给他拍照；有人爬上树，给地上的人拍照；也有的人拍别人爬树。最后，最低的那根分支的后部表面都已经被磨得非常光滑了。

　　由于这棵树的树形合适，1895年亚拉巴马州国际博览会在皮埃蒙特公园里举办。

（江浩华）

168

美国诉说故事的树

在奥姆斯特德线性公园庞塞德利昂大街的锦绣路交叉路口附近有一棵水橡树，它是一棵能充分发挥你想象力的树，派代亚（Paideia）学校的学生经常从这里涌向街对面。

近15年来，退休的朱蒂老师带着她的毕业生在这棵树下开展了各种各样的活动。有时他们和孩子坐在大树根上读故事，有时他们会写日记并且想象100多年前的这橡树树苗是什么样子。学生们会收集树叶及近距离观察小虫。学校会出售孩子们画的树。有时他们只是躺在树干上，看着天空。这棵树对有些孩子来说是一位朋友，当他们毕业了，继续前进的时候，他们会记得这棵树。

（庞　妍）

美国奥克兰公墓木兰

奥克兰公墓的一棵广玉兰是亚特兰大南部最大的一棵树，它的来历也有一个故事，与亚特兰大具有历史意义的奥克兰公墓有关。1885年二等兵卢西恩·布拉汗·维克利（Lucian Brahan Weakley）为纪念他死去的兄弟在他兄弟的墓碑后种植了这棵木兰，它发芽并长大了。维克利兄弟的墓碑每过几年就需要进行维修，但这棵130年的古树却仍然矗立在那里。

（曹娅娴）

知识链接

　　奥克兰历史公墓是亚特兰大市年代最久远的公墓，同时也是最大的绿色空间之一。1850年，公墓以"亚特兰大公墓"(Atlanta Cemetery)为名在城市的东南部建成，当时占地面积只有6英亩（约2.43公顷）。1872年时，因为此地生长着大量橡树和玉兰类植物，因此更名。所以，奥克兰历史公墓也可以被直译为"橡树历史公墓"。公墓的面积被扩大到48英亩（约19.42公顷），是维多利亚式公墓的完美例作，也是"花园公墓"运动的发起者。据估计，大约有7万人埋葬在奥克兰公墓中。

　　除了马丁·路德·金以外，佐治亚州的历史名人基本上都埋在这个墓地，包括内战战士、5位内战时的南方将领、州长、市政官员等。

　　墓园中有不少具有历史意义的建筑。如建于1899年的钟楼。该钟楼的所在地曾经是教堂司事办公和生活的区域。墓园中大量的墓碑不少都是非常棒的艺术品和象征主义佳作，具有重要的历史意义。

　　奥克兰历史公墓定期会举办一些特色活动。周末下午两点和四点都有观光旅游线路，持续时间在一个半小时，主要讲述亚特兰大的历史故事。傍晚六点半时，还有特别的黄昏线路，主题多样，如亚特兰大的历史和美国南北内战的故事；亚特兰大的先驱们的故事；维多利亚时期的故事；《飘》的故事；亚特兰大的爱情故事等等，人们可以根据自己的兴趣进行选择。尤其在万圣节的时候，这里的活动惊险刺激，热闹非凡，定会给你不同的节日体验。

美国佐治亚理工大楼白橡木

　　美国佐治亚理工学院理工大楼旁的草坪是几棵大型白橡树的家，其中学院对靠近理工大楼的这棵树特别骄傲。大学表示早在1888年的理工大楼的照片中就可以看到这棵树了。

　　科学技术还告诉我们这棵树有11177磅（约5069.80千克）的碳储存能力，并且每年可以吸收额外98.43千克的二氧化碳。

（刘　志）

佐治亚理工学院（Georgia Institute of Technology），简称 Georgia Tech，也被简称为Gatech或GT，又译乔治亚理工学院，1885年建校，坐落于美国东南部第一大城市亚特兰大，是一所享有世界声望的顶尖研究型大学。佐治亚理工学院是北美顶尖大学联盟美国大学协会的成员校，也是公认的公立常春藤名校之一，在2017年《美国新闻与世界报道》发布的综合大学排名中位列全美第三十四位，公立大学第七位，其工程学院排名全美第四位。在2017年《泰晤士高等教育》发布的世界大学排名中位列世界第三十三位。

佐治亚理工学院在全球有着一流的学术声誉，其代表学科是工科，该校是美国最好的理工类大学之一。Georgia Tech下属的航空系统设计实验室（Aerospace System Design Laboratory，简称ASDL）承担了美国政府的一些机密的重大科研项目，例如帮助航空制造公司攻克设计先进商用飞机的技术问题，为美国国会制定详细的登陆月球和火星的预算，以及为美国空军研发最先进的战斗机等。

除了位于亚特兰大市的主校区，该校在佐治亚州沙瓦纳和法国洛林大区的首府梅斯开设了分校。2006年，佐治亚理工学院与上海交通大学合作办学，在上海开设双学位项目。2013年，佐治亚理工学院与天津大学合作办学，在深圳开设ECE双硕士学位项目。

美国以色列浸信会教堂红橡木

美国以色列浸信会教堂红橡木是亚特兰大面向公众开放的第二大橡树。

教会管理员莱缪尔•霍顿说："以色列浸信会教堂并不是这里的第一所教堂。"早期教会在这里建造了教堂，然后把它卖给了市政府，市政府在这里建了一座小学，后来在20世纪70年代末又卖给以色列浸信会。

（田宇旺）

浸礼宗（Baptists），又称浸信会，是17世纪从英国清教徒独立派中分离出来的一个主要宗派，因其施洗方式为全身浸入水中而得名。

此宗派的特点是反对婴儿受洗，坚持成年人始能接受浸礼；实行公理制教会制度。

该宗的国际组织为浸礼宗世界联盟（The Baptist World Alliance），建立于1905年，有106个教会团体参加，成员遍及各大洲。

浸礼宗原属英国清教运动独立派中的一个分支，以加尔文宗的教义为基础，坚持施洗时行浸水礼，把受浸者全身浸入水中。20世纪，全世界浸礼宗信徒约有3200多万，其中90%以上在美国。美国浸礼宗分为南、北两派：美国北方的称浸礼会，道光十六年（1836年）传入中国，主要在沿海各省及西南一带；美国南方的称浸信会，道光二十六年（1846年）传入中国，主要在广东、广西、江苏、山东一带。浸信会虽有南北之分，但许多事业还是合办的。

1905年，浸信会世界联盟（The Baptist World Alliance, BWA）成立于伦敦，举行了首次浸礼宗世界大会。

最美古树名木
国外之贵

美国霍华德公园白蜡树

　　美国路易斯·G·霍华德公园内有一棵白蜡树，是佐治亚州内最大的一棵树。它正好种在公园北边的羊肠小道上，以其独特的菱形树皮而闻名。

　　这个公园也不偏不倚地在桃树溪战役的中心地区。这棵树的年龄虽然不得而知，但这个公园里任何有150年以上历史的古树都是这个战场上的幸存者。

（陈莲眉）

美国"梦想"柳橡树

彼得·詹金斯是国际爬树者协会的创始人，最初詹金斯引领这种谨慎使用设定技术去攀爬、同时不伤害到树的爬树方法是为了体验乐趣。他说使用长钉来爬树是树木专业工作的一种延伸，并且只有第一个爬上一棵树的人才有权利命名它。

这棵柳橡树在美国布鲁克海文布莱克本公园，是詹金斯目前最喜欢的一棵树，他给它取名为"梦想"。这棵树的高度比较矮，为20.73米，是一棵自由生长的树，附近没有其他树木生长，所以树冠非常完整。它的结构非常适合来教初学的爬树者。

（张 红）

| 美国最高的山茱萸

　　美国迪凯特的林地花园有一棵美国最高的山茱萸，这棵树看上去不那么笔直（照片向中间倾斜的那棵），但这棵树是本地认证测量最高的山茱萸树，并得到了当地树木协会的证明。

　　这棵山茱萸的树龄比它周围的松树都要高，但是因为松树长得很快，最后就像弟弟超过哥哥一样其他树都比它高了。

（马桂蓓）

美国迪凯特战役白蜡树

美国艾格尼丝·斯科特学院有很多大树,其中包括被格鲁吉亚城市森林委员会列为具有里程碑意义和列在历史树登记名单内的3棵树。

根据登记的清单,这棵树可以追溯到1854年,学校成立35年前以及美国南北战争时期迪凯特战役到来的10年前。

(孔良超)

179

美国"翠柏之谜"

　　美国艾格尼丝·斯科特学院有一棵著名的翠柏，这棵翠柏本不应该在这里的，它是如何到这里的呢？这个问题使当地的园艺家百思不得其解。应该是在160多年前，有一个人从西海岸带了一棵翠柏的幼苗栽种在南烛台街。随着时间的变化，现在树所在的地方已成为了美国艾格尼丝·斯科特校园的一部分，于是它就在这个校园里了。

（冉迪振）

翠柏：乔木，高达30～35米，胸径1～1.2米；树皮红褐色、灰褐色或褐灰色，幼时平滑，老则纵裂；枝斜展，幼树树冠尖塔形，老树则呈广圆形；小枝互生，两列状，生鳞叶的小枝直展、扁平、排成平面，两面异形，下面微凹。鳞叶两对交叉对生，成节状，小枝上下两面中央的鳞叶扁平，露出部分楔状，先端急尖，两侧之叶对折，瓦覆着中央之叶的侧边及下部，与中央之叶几相等长，较中央之叶的上部为窄，先端微急尖，直伸或微内曲，小枝下面之叶微被白粉或无白粉。雌雄球花分别生于不同短枝的顶端，雄球花矩圆形或卵圆形，黄色，每一雄蕊具3～5个花药。种子近卵圆形或椭圆形，微扁，暗褐色，上部有两个大小不等的膜质翅，长翅连同种子几与中部种鳞等长；子叶2，条形，初生叶条状刺形，下面无白粉，初为交叉对生，后为4叶轮生。

边材淡黄褐色，心材黄褐色，纹理直，结构细，有香气，有光泽，耐久用，质稍脆。供建筑、桥梁、板料、家具等用，亦为庭园树种。翠柏生长快，木材优良，可作造林树种。

翠柏对空气中的部分污染气体具有较好的抵抗性以及净化的能力，因此大面积种植翠柏，可以起到抗污染和空气净化的作用。在20种园林绿化树种活枝叶燃烧性的比较中，发现翠柏枝叶的燃烧性能较其他树种低，因此翠柏不仅是一种良好的乡土绿化树种和荒山造林树种，在发生森林火灾时也能起到一定的延缓火情的作用。

美国迪克曼教授木兰

美国艾格尼丝•斯科特学院内具有里程碑意义的第三棵树是由基督教学校的长期音乐教授迪克曼（W. Dieckmann）栽的，实际上它是一个三棵木兰的组合。

据说大约在1905年，迪克曼（Dieckmann）与同事走在校园旁边的森林时，他拿出了一些木兰种子和随身小折刀，在丽贝卡•斯科特大厅前种下了这些树。

（陈寿渊）

美国枫树隧道

枫树隧道位于美国圣路易斯，在秋天它充满了丰富、绚烂的颜色，是一处美丽的旅游胜地。

圣路易斯是美国密苏里州东部大城市，位于美国最长的密西西比河中游河畔，几乎处于美国的几何中心，在地理位置上具有重要的战略意义。截至2015年，圣路易斯市人口为315685人，大都会区人口为2811588人，是密苏里州第一大城市和美国第二十大城市。

　　圣路易斯的气候兼具大陆性气候和亚热带季风气候的特点。由于周围没有山脉或大型水体，冬夏温度差异较大。平均气温为13.9℃，全年温度一般在-18℃到38℃。年均降雨量为1040毫米。平均年雷暴天数为48天。总体来讲春季降雨最多，且极端天气易发。夏季炎热潮湿，温度最高可达48℃（1954年7月14日）。秋季气候较温和干燥，降雪一般从12月初开始。冬天尽管常有剧烈降雪，总降水量仍为四季中最少的，温度最低可达-30℃（1884年1月5日）。

　　圣路易斯1764年由法国皮毛商人建立，名字来源于法国国王路易九世。因其对天主教传播的贡献，路易九世死后被教皇授予"圣"尊号，圣路易斯城也就因此被命名。1904年，这里曾举办过第三届夏季奥林匹克运动会和世界博览会。

（任　希）

知识链接

　　枫树：高大乔木，可高达24米，冠幅可达16米。花期4到5月，果期9到10月。随着树龄增长，树冠逐渐敞开，呈圆形。枝条棕红色到棕色，有小孔，冬季枝条是黑棕色或灰色。枫叶色泽绚烂、形态别致优美，可制作书签、标本等。在秋天则变成火红色，落在地上时变成深红。

　　枫树属于槭树科槭属树种，是一种槭树的俗称。全世界的槭树科植物分布于亚洲、欧洲、北美洲和非洲北缘，中国也是世界上槭树种类最多的国家，全国各地均有分布，主产于长江流域及其以南各省区，是世界槭树的现代分布中心。槭属植物中，有很多是世界闻名观赏树种。

加拿大国花——糖枫又叫糖槭树，加拿大境内多枫树、素有"枫叶之国"的美誉。长期以来，加拿大人民对枫叶有着深厚的感情，把枫叶作为国徽，国旗正中绘有一片红色枫叶，国树为枫树。加拿大还有一种做法叫"枫糖棒棒糖"。

枫树枝条横展，树姿优美，而且多为弱阳性树种，是风景林中表现秋色的重要中层树木，每到秋季，"染得千秋林一色，还家只当是春天。"在世界众多的红叶树种中，槭树的秋叶独树一帜，极具魅力。树姿优美，叶形秀丽，秋季叶渐变为红色或黄色，还有青色、紫色，为著名的秋色叶树种。可作庇荫树、行道树或风景园林中的伴生树，与其他秋色叶树或常绿树配置，彼此衬托掩映，增加秋景色彩之美。

美国波特兰日本枫树

　　美国俄勒冈州波特兰市有一棵日本枫树，它绚烂的色彩、婀娜的姿态都是自然造物的神奇。

　　日本红枫是产自日本的红色系鸡爪槭的通称，它的主要品种有红叶鸡爪槭、紫叶鸡爪槭和血红鸡爪槭。中国引进栽培的主要品种是血红鸡爪槭。日本红枫树姿优美，春夏季新叶吐红，叶色鲜艳美丽，老叶则有返青表现。无论是孤植、群植还是作为行道树种植，都能以"红袖善舞翠云间"的火热魅力，让人们陶醉其中，怡然自得，是优秀的观叶园林植物品种。若以常绿树或白色墙体为背景，景观尤为美丽。　　　　　　　　　　　　　（赵美珍）

日本红枫：日本红枫属落叶小乔木或灌木。它的树冠呈扁圆或伞形，叶片呈掌状并有5～9个深裂，单叶互生，叶片先端尖锐，叶缘有锯齿，叶色紫色或红色，卵状披针形，此品种在春、夏、秋三季叶片均为红色，尤其春秋；春季叶色为鲜红色，仲夏叶片变为棕红色。被誉为"四季火焰枫"。冬季叶片落尽后，它奇特、极富观赏性的枝干仍然为冬季园林增添一景。是著名的观叶树种。

日本红枫性喜凉爽湿润的气候环境，耐阴性好，在疏松肥足、排水良好的土壤里生长强健、快速，但在夏季有强烈的直晒阳光时，叶片容易灼伤。

日本红枫栽培历史悠久，现已经培育出众多的栽培品种：'红舞姬''桂''舞孔雀''紫秀''稻叶垂枝''橙之梦''绯红皇后''金色满月''红镜'等都是非常有名的品种。

美国夏威夷彩虹桉树

夏威夷的彩虹桉树拥有五颜六色的树皮，色彩斑斓犹如油画，其树皮可以用来造纸。

彩虹桉树是在北半球发现的唯一一种桉树。成为"唯一"还不足以彰显其非凡之处，除此之外，这种高度可达70米的树还凭借其丰富多彩的颜色著称。它的树皮拥有黄色、绿色、橙色甚至紫色等多种颜色。"彩虹"这个名字也正是源于这种奇特的特征。

（汪冰蕴）

美国恩迪科特梨树

恩迪科特梨树是美国殖民地最早园艺活动的活的见证物。它在1633年由马萨诸塞湾公司经理约翰•艾德科特在自己1.21平方千米的乡村庄园种植。在它的生命周期中，经受了自然和人的伤害：飓风、地震、奶牛的啃食、城镇化和1964年一场蓄意破坏。据当时《纽约时报》的报道文章标题："335岁的树被砍倒了，显然是有人蓄意破坏。"然而，尽管经历了如此可怕的遭遇，恩迪科特梨树又重新焕发活力，持续繁荣和开花结果，并且成为馅饼挑战赛的梨子馅原料。

1997年7月，通过恩迪科特家族梨树项目，从梨树上切下的新枝被收集和传播。在项目第一阶段，来自恩迪科特梨树的插穗被种植在全美国17个州。

（米泽升）

美国奇迹树

　　奇迹树在美国西德克萨斯很常见，但是很引人注目。美洲印第安土著称之为"生命之树"。有趣的是，巴林人仍然对奇迹树保持着这种称呼方式。在巴林的奇迹树树龄超过400年，生长在巴林地势最高点附近，与所有水源相距甚远。奇迹树一直以来被称作"大自然的鬼斧神工"。奇迹树一般生长在干旱地带，它的每一个部分都很有用。

　　过去奇迹树经常被用来熏制肉类或是作为燃料。它的树胶被广泛用于治疗感染和过敏、溃疡、伤口、晒伤、皮肤开裂，还能用于治疗痢疾、腹泻、胃和肠道疾病以及痔疮。它的果实是沙漠部落的主要食物，通常磨成面粉，用于制作面包或者混合咖啡和茶，作为原料添加到其他食物中。

（朱咏娴）

加拿大

● 加拿大道格拉斯黄杉
● 加拿大百岁杜鹃

加拿大（Canada），为北美洲最北的国家，领土面积为998万平方千米，位居世界第二。加拿大素有"枫叶之国"的美誉。政治体制为联邦制、君主立宪制及议会制，是英联邦国家之一，加拿大是典型的英法双语国家。

国花：糖槭树花。国树：枫树。国鸟：黑雁

加拿大道格拉斯黄杉

过了卡皮拉诺吊桥，峡谷对面是以高大的道格拉斯黄杉为主的森林。此树又名花旗松，仅产于此地，其高度在60～70米是正常的，老树倒下之后，新树就扎根在老树上，从老树中汲取营养，生命力旺盛。

道格拉斯黄杉是世界上最高大的树种之一。原生于北美洲。树皮深裂成鱼鳞状，小枝淡黄色，针叶。1792年，博物学家门则斯随英国航海家温哥华的探险队抵达北美洲的西海岸，发现此树种。1825年，苏格兰人大卫·道格拉斯受英国皇家学会的委托，进行实地考察并采集了大量种子样本，为了纪念他，这种树被命名为道格拉斯黄杉。

自从道格拉斯黄杉被发现后，就一直被认为是世界上最高大的树种之一。一些千年以上的老树，可以长到高100米、胸径10米以上，足可以和号

称"世界爷"的北美红杉和巨杉相媲美。据吉尼斯世界纪录大全记载，1902年有人在加拿大西海岸的林恩谷中测量过一株道格拉斯黄杉，结果表明它是已测量过的最高树木之一，高126.49米，比最高的一株北美红杉还高十几米。

（邹　爽）

知识链接

黄杉：别名黄帝杉、短片花旗松、罗汉松，属于针叶树林种，属松科黄杉属的一种常绿乔木，树干高大通直，树皮裂成不规则块状；乔木，高达50米，胸径达1米；幼树树皮淡灰色，老则灰色或深灰色，裂成不规则厚块片；一年生枝淡黄色或淡黄灰色（干时褐色），二年生枝灰色，通常主枝无毛，侧枝被灰褐色短毛。叶条形，排列成两列，长1.3～3（多为2～2.5）厘米，宽约2毫米，先端钝圆有凹缺，基部宽楔形，上面绿色或淡绿色，下面有21条白色气孔带；横切面两端尖，上面有一层不连续排列的皮下层细胞，下面中部有一（稀二）层连续排列的皮下层细胞。球果卵圆形或椭圆状卵圆形，近中部宽，两端微窄，长4.5～8厘米，径3.5～4.5厘米，成熟前微被白粉；中部种鳞近扇形或扇状斜方形，上部宽圆，基部宽楔形，两侧有凹缺，长约2.5厘米，宽约3厘米，鳞背露出部分密生褐色短毛；苞鳞露出部分向后反伸，中裂窄三角形，长约3毫米，侧裂三角状微圆，较中裂为短，边缘常有缺齿；种子三角状卵圆形，微扁，长约9毫米，上面密生褐色短毛，下面具不规则的褐色斑纹，种翅较种子为长，先端圆，种子连翅稍短于种鳞；子叶6（稀7）枚，条状披针形，长1.7～2.8厘米，宽约1毫米，先端尖，深绿色，上

面中脉隆起，有2条白色气孔带，下面平，不隆起；初生叶条形，长1.5～2.3厘米，宽1～1.4毫米，先端渐尖或急尖，上面平，无气孔线，下面中脉隆起，有两条白色气孔带。花期4月，球果10～11月成熟。间断分布于中国与北美。

黄杉具有喜光耐干旱、耐瘠薄、抗风力强、病虫害少等特点，对土壤、气候等因子的适应幅度较宽，具有较强的生态适应特性。浅根性，侧根特别发达，长可达10余米，花期4～5月，球果9～10月成熟，熟后开裂，种子飞散，天然更新能力强。

边材淡褐色，心材红褐色，纹理直，结构细致，比重0.6。可供房屋建筑、桥梁、电杆、板料、家具、文具及人造纤维原料等用材。黄杉的适应性强，生长较快，木材优良，在产区的高山中上部可选为造林树种。

加拿大百岁杜鹃

加拿大有一棵125岁的杜鹃，历尽百年沧桑，依旧花开灿烂。

加拿大杜鹃亦译北美杜鹃。高约90厘米（3英尺），叶卵圆或长圆形，叶缘光滑，长约3.75～5厘米，背面浅灰色被毛，互生。花艳丽，玫瑰紫色，花径约4厘米，春天开放，先花后叶，有白花的变种，原产于北美东北部，多见于沼泽地段。

（孙　花）

195

知识链接

杜鹃：又名映山红、山石榴，为常绿或平常绿灌木。相传，古有杜鹃鸟，日夜哀鸣而咯血，染红遍山的花朵，因而得名。杜鹃花一般春季开花，每簇花2～6朵，花冠漏斗形，有红、淡红、杏红、雪青、白色等，花色繁茂艳丽。生于海拔500～1200（～2500）米的山地疏灌丛或松林下，为中国中南及西南典型的酸性土指示植物。

该物种全株供药用，行气活血、补虚，治疗内伤咳嗽，肾虚耳聋，月经不调，风湿等疾病。又因花冠鲜红色，为著名的花卉植物，具有较高的观赏价值，在世界各公园中均有栽培。中国江西、安徽、贵州以杜鹃花为省花，长沙、无锡、九江、镇江、大理、嘉兴、赣州等城市定为市花的城市多达七八个。1985年5月杜鹃花被评为中国十大名花之一。

正因为杜鹃花在园林上的价值，早在19世纪末，西方多国就多次派人前往中国云南，采走了大量的杜鹃花标本和种苗。其中英国的傅利斯曾先后七八次，发现并采走了309种杜鹃新种，引入英国爱丁堡皇家植物园。爱丁堡皇家植物园夸耀于世的几百种杜鹃多来自云南。而1919年傅利斯在云南发现了"杜鹃巨人"大树杜鹃。它一棵高25米，胸径87厘米，他将树龄高达280年的大树砍倒，锯了一个圆盘状的木材标本带回国，陈列在伦敦大英博物馆里，公开展出，一时轰动世界。大树杜鹃已经受到国家保护，它是云南的骄傲，中国国宝。

自唐宋以来，诗人、词人皆多题咏。美丽的杜鹃花始终闪烁于山野，妆点于园林，自古以来就博得人们的欢心。

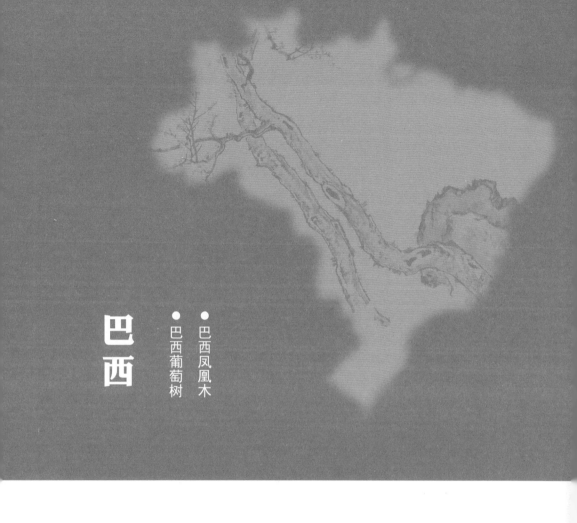

巴西

- 巴西凤凰木
- 巴西葡萄树

　　巴西联邦共和国（The Federative Republic of Brazil），通称巴西，是南美洲最大的国家，享有"足球王国"的美誉。国土总面积851.49万平方千米，居世界第五。总人口2.01亿。巴西共分为26个州和1个联邦区（巴西利亚联邦区），州下设市。

　　国花：毛蟹爪兰。国树：巴西木。国鸟：金刚鹦鹉。

巴西凤凰木

　　巴西凤凰木，别名金凤花、红花楹树、火树、洋楹等。豆科，落叶乔木，高可达20米。树冠宽广，小叶长椭圆形。夏季开花，总状花序，花大，红色，有光泽。荚果木质，长可达50厘米。凤凰木因鲜红或橙色的花朵配合鲜绿色的羽状复叶，被誉为世上最色彩鲜艳的树木之一。

　　巴西凤凰木与蓝花楹（别名蕨树）并称"双影"（"红影树"指凤凰木，而"蓝影树"则指蓝花楹）。

（阮恭琴）

巴西葡萄树

巴西葡萄树会在树干上直接生长水果和鲜花。它的花在自然情况下最多一年两次，看起来像一些奇怪的外星人沉积在树干上。

正如所见，巴西葡萄树的果实是直接生长在树干和树枝上，它的果实味道非常美味。

（郭秀晶）

葡萄树：木质藤本。小枝圆柱形，有纵棱纹，无毛或被稀疏柔毛。卷须2叉分枝，每隔2节间断与叶对生。叶卵圆形，显著3～5浅裂或中裂，长7～18厘米，宽6～16厘米，中裂片顶端急尖，裂片常靠合，基部常缢缩，裂缺狭窄，间或宽阔，基部深心形，基缺凹成圆形，两侧常靠合，边缘有22～27个锯齿，齿深而粗大，不整齐，齿端急尖，上面绿色，下面浅绿色，无毛或被疏柔毛；基生脉5出，中脉有侧脉4～5对，网脉不明显突出；叶柄长4～9厘米，几无毛；托叶早落。圆锥花序密集或疏散，多花，与叶对生，基部分枝发达，长10～20厘米，花序梗长2～4厘米，几无毛或疏生蛛丝状绒毛；花梗长1.5～2.5毫米，无毛；花蕾倒卵圆形，高2～3毫米，顶端近圆形；萼浅碟形，边缘呈波状，外面无毛；花瓣5，呈帽状黏合脱落；雄蕊5，花丝丝状，长0.6～1毫米，花药黄色，卵圆形，长0.4～0.8毫米，在雌花内显著短而败育或完全退化；花盘发达，5浅裂；雌蕊1，在雄花中完全退化，子房卵圆形，花柱短，柱头扩大。果实球形或椭圆形，直径1.5～2厘米；种子倒卵椭圆形，顶短近圆形，基部有短喙，种脐在种子背面中部呈椭圆形，种脊微突出，腹面中棱脊突起，两侧洼穴宽沟状，向上达种子1/4处。花期4～5月，果期8～9月。

葡萄是世界最古老的果树树种之一，葡萄的植物化石发现于第三纪地层中，说明当时已遍布于欧、亚及格陵兰。原产亚洲西部，世界各地均有栽培，世界各地的葡萄约95%集中分布在北半球，我国各地有栽培。为著名水果，生食或制葡萄干，并酿酒，酿酒后的酒脚可提酒食酸，根和藤药用能止呕、安胎。

英国

大不列颠及北爱尔兰联合王国（The United Kingdom of Great Britain and Northern Ireland），通称英国，本土位于欧洲大陆西北面的不列颠群岛，被北海、英吉利海峡、凯尔特海、爱尔兰海和大西洋包围。其是由大不列颠岛上的英格兰、威尔士和苏格兰，爱尔兰岛东北部的北爱尔兰以及一系列附属岛屿共同组成的一个西欧岛国。

国花：玫瑰。国树：英国栎。国鸟：红胸鸲。

英国牛顿老家的苹果树

　　来自牛顿老家伍尔索普庄园歪斜的苹果树来头不小。传说牛顿是看到一个落地的苹果后才想出了"万有引力定律"。那么，到底是哪一棵苹果树立下如此奇功呢？伍尔索普庄园的这棵苹果树就在候选中，属稀有的"肯特郡之花"品种。1820年，这棵苹果树颓然倒下，但生命却没有终结。倒在地面上的树枝上又长出了根，扎进土里，一直活到现在。

　　另外，还有一些树也被认为是牛顿看到的那棵苹果树的后裔，格拉瑟姆国王学校就购买过其中一棵，并将其种在校长的花园里。

艾萨克·牛顿是英国伟大的数学家、物理学家、天文学家和自然哲学家，其研究领域包括了物理学、数学、天文学、神学、自然哲学和炼金术。牛顿的主要贡献有发明了微积分，发现了万有引力定律和经典力学，设计并实际制造了第一架反射式望远镜等等，被誉为人类历史上最伟大、最有影响力的科学家。为了纪念牛顿在经典力学方面的杰出成就，"牛顿"后来成为衡量力的大小的物理单位。

（张小瑜）

牛顿与苹果：苹果树是落叶乔木，通常树木可高至15米，但栽培树木一般只高3～5米。树干呈灰褐色，树皮有一定程度的脱落。苹果树开花期是基于各地气候而定，但一般集中在4～5月份。苹果是异花授粉植物，大部分品种自花不能结成果实。

一般苹果栽种后，于2～3年才开始结出果实。果实一般呈红色，但需视品种而定。苹果树的果实富含矿物质和维生素，为人们最常食用的水果之一。果实成长期之长短，一般早熟品种为65～87天，中熟品种为90～133天，晚熟品种则为137～168天。在一般情形下，栽种后苹果树可有15～50年寿命。

适生于山坡梯田、平原矿野以及黄土丘陵等处。原产欧洲及亚洲中部，栽培历史已久，全世界温带地区均有种植。

长期以来，牛顿认为，一定有一种神秘的力存在，是这种无形的力拉着太阳系中的行星围绕太阳旋转。但是，这到底是怎样的一种力呢？直到有一天，当牛顿在花园的苹果树下思索，一个苹果落到他的脚边时，牛顿终于获得了顿悟，

他的问题也逐渐被解决了。

传说1665年秋季，牛顿坐在自家院中的苹果树下苦思着行星绕日运动的原因。这时，一只苹果恰巧落下来，它落在牛顿的脚边。这是一个发现的瞬间，这次苹果下落与以往无数次苹果下落不同，因为它引起了牛顿的注意。牛顿从苹果落地这一理所当然的现象中找到了苹果下落的原因——引力的作用，这种来自地球的无形的力拉着苹果下落，正像地球拉着月球，使月球围绕地球运动一样。

这个故事据说是由牛顿的外甥女巴尔顿夫人告诉法国哲学家、作家伏尔泰之后流传开来的。伏尔泰将它写入《牛顿哲学原理》一书。牛顿家乡的这棵苹果树后来被移植到剑桥大学。牛顿去世后，他被当做发现宇宙规律的英雄人物继而被赋予传奇色彩，牛顿与苹果的故事更是广为流传。

英国伯克夏郡修道院紫杉

英国伯克夏郡修道院紫杉张开的宽度达9.45米，生长在伯克夏郡 Ankerwycke（地名）一座破败的小修道院里。也许在英国，它不算是最古老的紫杉树，却也记录了至少2000年的风霜雪雨。据说这里曾是约翰国王于1215年签署《大宪章》的地点。坊间传言，亨利八世和女侍官安妮·博林曾在此树下第一次幽会。

在修道院和教堂的庭院附近常常可以找到紫杉。它们具有抽芽长叶、重新焕发生机的能力，因而曾被凯尔特人视为圣树，并常作为基督教中死亡和复活的象征。许多紫杉的年龄，可能都超过了建于它们附近的古老教堂。

（蒋言柔）

205

约翰王（1167～1216）英格兰国王King of England（1199～1216），生于牛津，外号"无地王约翰"，英国历史上最不得人心的国王之一。他曾试图在理查一世被囚禁德国（1193～1194）期间夺取王位，但后来理查宽恕了他并指定他为继承人，从而剥夺了约翰的长兄杰弗利之子亚瑟的权利。亚瑟的继承权要求受到法国国王菲利普二世的支持。《大宪章》就是由他签订的。

亨利八世（1491～1547）是都铎王朝第二任君主（1509～1547年在位），英格兰与爱尔兰的国王。他是英王亨利七世与伊丽莎白王后的次子。

亨利七世去世以后，亨利八世在1509年4月22日继承王位。

作为都铎王朝第二任国王，也是爱尔兰领主，后来更成为爱尔兰国王。亨利八世为了休妻另娶新皇后，与当时的罗马教皇反目，推行宗教改革，并通过一些重要法案，容许自己另娶，并将当时英国主教立为英国国教会大主教，使英国教会脱离罗马教廷，自己成为英格兰最高宗教领袖，并解散修道院，使英国王室的权力因此达到顶峰。他在位期间，把威尔士并入英格兰。1547年1月28日，亨利八世在怀特霍尔宫去世，埋葬在温莎堡的圣乔治教堂，与第三任妻子珍·西摩合葬。他唯一的合法儿子爱德华六世根据第三部《王位继承法》，继承其王位。

亨利八世在位期间，推行宗教改革，使英国教会脱离罗

马教廷，自己成为英格兰最高宗教领袖，对国家政府机构作了全面改革，在欧洲以均势外交政策保障本国的政治经济利益。这些促使英国的社会经济状况、政治体制、文化、思想、宗教各方面都发生很大变化，并使英国最终形成统一集权的近代民族国家，为资本主义因素进一步发展创造了有利条件。在这个过程中亨利八世作为拥有空前权力的专制君主起了重大作用。

英国坎布里亚郡紫杉

华兹华斯在1803年的诗作《紫杉》中描写的四棵兄弟般的紫杉树便生长在坎布里亚郡神奇的博罗代尔（Borrowdale）山谷中，如今还有三棵健在，另外那棵紫杉在1883年的暴风雨中倒下。

华兹华斯另外提到的一棵紫杉也经受住了暴风雨考验，依然屹立在坎布里亚郡的洛顿（Lorton）村中。当年，美以美派教会创始人约翰·卫斯理曾在此树下布道。图中这棵紫杉，其树干的洞中能容纳4个人。

（杨元雄）

约翰·卫斯理（1703—1791）是18世纪的一位英国国教（圣公会）神职人员和基督教神学家，为卫理宗（Methodism）的创始者。他所建立的循道会跨英格兰、苏格兰、威尔士和爱尔兰四个地区，引起了英国福音派的大复兴。

18世纪末到19世纪末，当时的社会政治环境，其实是对教会很不利的，但这一百年却是教会有史以来扩展最快的时期。卫理宗在约翰·卫斯里的带领之下，成为许多当时社会政治乱象的出路，包括监狱工作、劳工失业问题等等。卫斯理是位实践神学家，他将神学理念化成实际可行的社会运动。

约翰·卫斯理从1739年起，开始露天布道。一直到他去世为止，在52年之间，他的脚踏遍英国的每一个角落，尤其在各城镇、矿区和新兴工业区。他总共旅行了二万五千里。在约翰·卫斯理的一生中，他讲道超过四万次；在有些场合，会众曾超过两万人。他带领的复兴运动，震撼了英伦三岛，使他成为英国家喻户晓的人物。他在属灵方面的影响力，绵延数百年，跨越了各大洲，遍及全世界。

最美古树名木
国外之贵

英国克罗夫特城堡甜栗树

在英国著名的赫里福郡克罗夫特城堡西面，有片绵延1千米的甜栗树林，分布着超过300棵的古树。同许多古树一样，这些甜栗也充满着传奇和故事。据说这批甜栗种子来自于1588年失事的西班牙无敌舰队，1592年种下，并一直生长到今天。传说这些树代表的就是正式作战计划中的舰队船只。

克罗夫特城堡是17世纪后期修建的，带有精美格鲁吉亚装饰的建筑，在这之前曾是一个家族的居住地，距今已有超过1000年的历史。目前城堡和花园由英国国家信托（National Trust）管理，每年的3月至12月向公众开放。

栗树，山毛榉科栗属植物，大约有8～9种，分布于北半球温带地区。

（张滕龙）

西班牙无敌舰队：是西班牙16世纪后期著名的海上舰队。

无敌舰队约有150艘以上的大战舰，3000余门大炮、数以万计士兵的强大海上舰队，最盛时舰队有千余艘舰船。这支舰队横行于地中海和大西洋，骄傲地自称为"无敌舰队"。

1588年夏天，英格兰舰队大败西班牙无敌舰队攻克阿尔马达之海战，与公元前480年萨拉米斯海战，1805年特拉法加海战，以及1916年日德兰海战一样，是被史学家称为世界历史上著名的四大海战之一。

这些海战的获胜者都以本国命运做赌注，在海上制止了远为强大的敌国之侵略，对历史的转折起到了极大的作用。

然而，与其他三大海战不同，在抗击无敌舰队的海战中获胜的英格兰并未给敌人以决定性打击，西班牙依然是欧洲最强大的国家，此后还一连四次执拗地派遣无敌舰队远征英格兰。因此不断遭受威胁的英格兰，必须千方百计地研究它的防卫策略。1588年的无敌舰队侵略，对于英格兰来说乃是关系国家存亡，必须全力以赴的大海战，而对于强大的西班牙帝国来说，那只不过是长期战争中的一次战役而已。

然而，无敌舰队的五次远征均以失败而告终，西班牙不得不放弃侵略英格兰的野心。英西之间长期的海上角逐进入了低潮，直至1601～1604年奥斯坦德之围，英格兰损失惨重，导致英西之间签订停战条约。英西战争并未像多数人所想的那样，直至战争结束英格兰也未能确保对西班牙的海上优势。

知识链接

英国托儿普德尔村无花果

许多古树都是聚会场所天然的标志物，人们在树下商谈密谋、开坛布道，村庄中的集会也常常选择在树下举行。英国19世纪30年代，一群多赛特农场的劳工聚集在村中一棵150岁高龄的无花果树下，秘密起誓，成立了一个名为"农业劳工友好协会"的组织，抗议工资的削减。后来他们遭到逮

捕、惩罚，并被流放到澳大利亚。不过最终，他们还是得到了赦免。他们的事迹也促使了工会运动的诞生。在众多纪念他们的事物中，托儿普德尔村中这棵无花果树是唯一一个活生生的纪念物。

无花果喜温暖湿润的海洋性气候，喜光、喜肥，不耐寒，不抗涝，较耐干旱。

（龚景萧）

知识链接

无花果：桑科，榕属，小乔木。又名天仙果、明目果、映日果等。无花果已知有几百个品种，绝大部分都是常绿品种，只有长于温带的才是落叶品种。无花果树主要生长于热带和温带，生长势强，并有多次生长习性，幼树新梢及徒长枝当年生长量可达2米以上；萌芽力、发枝力都较弱，骨干枝生长明显，其上潜伏芽较多，且寿命很长，可达数十年。无花果耐旱、耐阴、耐盐碱，具有速生、早果、丰产的优点。果实呈球根状，果实有扁圆形、球形、梨形或坛形数种，尾部有一小孔，花粉由黄蜂传播。果皮色泽亦有绿、黄、红、紫红之分，但多为黄色。果肉多呈黄色、浅红色或深红色。

无花果除鲜食、药用外，还可加工制干、制果脯、果酱、果汁、果茶、果酒、饮料、罐头等。无花果干无任何化学添加剂，味道浓厚、甘甜，在市场上极为畅销。无花果汁、饮料具有独特的清香味，生津止渴，老幼皆宜。

果实富含糖、蛋白质、氨基酸、维生素和矿质元素。据测定，成熟无花果的可溶性固形物含量高达24%，大多数品种含糖量在15%～22%，超过许多一、二代水果品种的一倍。果实

中含有18种氨基酸，其中有8种是人体必需氨基酸。

叶片宽大，果实奇特，夏秋果实累累，是优良的庭院绿化和经济树种。

无花果又是一种防污抗污的环境保护树种，能抵御二氧化碳、二氧化硫、硝酸雾、苯、粉尘等有害气体的污染。它叶片大，具有良好的吸尘效果。因此无花果是城市、机关、学校、医院及工矿区绿化的优良树种。

| 英国博斯科贝尔橡树

　　博斯科贝尔（Boscobel）是英国众议院在什罗普郡的一棵皇家橡树。在克伦威尔时代，英王查尔斯二世战败，在这棵老橡树上躲避追杀，后来这棵老橡树就被命名为皇家橡树，皇家海军里也先后有8艘战舰被命名为皇家橡树，在历史上发挥了重要作用。

　　英国什罗普郡是英格兰人口最稀疏的乡间地区之一。

（井　辰）

英国毕比树

毕比树在英国爱丁堡皇家植物园中黑暗、潮湿的热带棕榈屋室内。

爱丁堡皇家植物园以其绝对丰富的物种和悠久的历史而成为世界著名的植物园，同时也是世界上高等植物物种富集量排名第五的植物园，保存了34000种活植物，其中高等植物16405种（包括1279种珍稀濒危植物），占全世界有花植物的6.5%。其丰富性诱发着每一位到访者的想象，无论是植物学家还是探索好奇的游客都被其吸引。

（贾　蓉）

爱丁堡皇家植物园：最初建成于1670年，到19世纪早期，就以合理的布局和有利的地势闻名于世。20世纪又合并了当地的3个植物园：本莫（Benmore）、娄根（Logan）和道克（Dawyck）。我们主要介绍爱丁堡皇家植物园的爱丁堡区（RBGE）。现在的爱丁堡皇家植物园占地70多公顷，是紧邻城市中心的安静祥和的景观。

该植物园能够反映国际性植物的研究和保护工作，是收录除中国外的最多中国野生植物种的植物园。其中的苏格兰康复园展现出苏格兰的高山植物和景观，还有著名的岩石园栽植了5000多种岩石植物，以及长达165米的优美草坪绿化带。植物园里有很多科学家感兴趣的乔灌木，如松柏、红木树、山毛榉、槭树、花楸以及杜鹃花科植物。植物园里以植物的不同习性区分了多个主题园，展现着不同的价值意义。

植物园里还有建于1939年种植了许多适宜潮湿、酸性土壤环境植物的泥土畦，种植了岩须属植物、矮杜鹃、延龄草属等植物。2006年，爱丁堡皇家植物园又正式对外开放了女王母亲纪念园，主要设计有体现母爱的小景，还种植了各季节供游客品尝享用食物的植物。

爱丁堡皇家植物园又是一座集丰富物种、悠久历史、优美景色为一体的科学、教育、休闲场所。植物园分为4个部门：科学研究部、园艺部、科普旅游部和后勤服务部，另外设有一个独立经营运作的公司。

英国米尔顿凯恩斯树

调查显示，英国林福德庄园公园的米尔顿凯恩斯树有300多岁了，这些树因与18世纪的设计风格有关联而著名。

林福德庄园，也被称为大林福德庄园，由一个18世纪的庄园改建而成，位于英国米尔顿凯恩斯市。现在由米尔顿凯恩斯足球俱乐部主席皮特·威克曼所有。庄园始建于1678年，由威廉比查特爵士从纳皮尔家族购买的中世纪庄园旧址上建成。1972年，庄园由米尔顿凯恩斯发展公司收购，成为艺术中心，但于1984年关闭。

18世纪的设计风格是非常矛盾的。工业革命后，新的材料、技术和新的生产方式不断出现，传统的设计已不能满足新时代的要求，人们以各自的方式探索新的设计道路。由于传统的风格和形式在长期的实践中已定型、成熟，当人们改用全然不同的材料进行商品生产时，还不熟悉新的特性，起初总是要借鉴甚至模仿传统形式。这就使旧形式和风格与新的材料和技术之间产生了矛盾。这种矛盾从18世纪下半叶一直延续到19世纪末。

（严秋伶）

英国卡尔克公园古树

英国英格兰德比郡卡尔克（Calke）公园内有一棵古树，树龄1000～1200年。它被忽视几十年，在20世纪80年代由英国慈善组织国家信托（National Trust）保护。

德比郡（Derbyshire），行政总部位于马特洛克。以人口计算，德比是最大城市，切斯特菲尔德是第一大镇。德比郡是34个非都市郡之一，实际管辖8个非都市区，占地2547平方千米，有754100人口。

卡尔克公园位于德比郡南部10英里（约16.09千米），大约建于1703年，庄园虽不华丽，看上去甚至像一排快要塌了的迷宫式的房间，里面却收集了有着300年历史的精致家具、鸟类标本、镶嵌在墙壁上的动物头颅、落满灰尘的典藏书籍和小摆设。部分房间修复得十分完好，非常豪华，其余的则略显寒酸，到处是剥落的墙皮和发霉的壁纸。庄园附近有保存完好的古老橡树林，其保护程度堪比国家自然保护区，秋季漫山遍野的红色和梅花鹿非常美丽，还有机会看到野生的马和鹿群。

（曹欣丹）

| 英国阿科灵顿黑杨

　　阿科灵顿黑杨位于英国诺森伯兰郡阿科灵顿，是在英国最稀有的原生树木。

　　黑杨天然生长在河岸、河湾，少在沿岸沙丘。常成带状或片林。抗寒，喜欢半阴环境，在阳光强烈、闷热的环境下生长不良，不耐盐碱，不耐干旱，在冲积沙质土上生长良好。　　　　　　　　　　　　　　　　（顾良龙）

220

英国苏格兰莫尔巨型红杉

　　英国苏格兰莫尔最高的巨型红杉，也是欧洲最大的红杉。这些红杉的起源据说是从加州淘金者带回的种子。

　　红杉喜光照，适应性强，能耐干寒气候及土壤瘠薄的环境，能生于森林垂直分布上限地带；在气候温凉、土壤深厚、肥润、排水良好的山坡地带生长迅速，宜作分布区的造林树种。

（龚元才）

221

英国库丙顿梨树

　　英国斯塔福德郡有一棵梨树，树龄超过250年，被认为是英国第二大的野梨树。它矗立在库丙顿（Cubbington）南面附近的一座小山的顶部，但它因HS2铁路线的规划受到了威胁。按照铁路的施工要求，这棵树将被砍掉，这引起了当地百姓的不满，唤起了小镇居民对土地的感情。很多人举着"阻止HS2，保护古梨树"的牌子，走上街头抗议。

（曾　勇）

梨树：蔷薇科梨属，多年生落叶果树，乔木。在全球都有广泛分布。果实可食用，具有很高的营养和药用价值。

主干在幼树期树皮光滑，树龄增大后树皮变粗，纵裂或剥落。嫩枝无毛或具有茸毛，后脱落；2年生以上枝灰黄色乃至紫褐色。

冬芽具有覆瓦状鳞片，一般为11～18个，花芽较肥圆，呈棕红色或红褐色，稍有亮光，一般为混合芽；叶芽小而尖，褐色。单叶，互生，叶缘有锯齿，托叶早落，嫩叶绿色或红色，展叶后转为绿色；叶形多数为卵或长卵圆形，叶柄长短不一。

花为伞房花序，两性花，花瓣近圆形或宽椭圆形，栽培种花柱3～5，子房下位，3～5室，每室有2胚珠。

果实有圆、扁圆、椭圆、瓢形等；果皮分黄色或褐色两大类，黄色品种上有些阳面呈红色；秋子梨及西洋梨果梗较粗短，白梨沙梨、新疆梨类果梗一般较长；果肉中有石细胞，内果皮为软骨状；种子黑褐色或近黑色。

英国妇女参政橡树

妇女参政橡树，位于英国格拉斯哥开尔文路。由普选组织于1918年4月20日种植，以纪念1918年被发放选票的妇女。这里是格拉斯哥妇女们最喜欢的一个地方。

格拉斯哥，人口58万，是苏格兰最大的城市，英国第三大城市。格拉斯哥属温带海洋性气候，温和而湿润，多阴云雨雾，冬季尤甚。

（余卓超）

知识链接

19世纪中期，英国有以男性普选权为主要诉求的宪章运动，提倡无论男性的种族、阶级都有参政选举的权利。19世纪的民主运动自由主义者和社会民主主义者，尤其在北欧，使用了口号"均等共有选举权"。普选权运动包括社会、经济和政治运动，目标在于把选举权扩展到所有种族。但对于女性的女性普选权或投票权、选举权等等则在19世纪末和20世纪初才被重视。而最早的普选权运动发生在19世纪早期，聚焦于减除选举所要求的财产条件。许多社会原先都对投票权有种族要求。有一些普选系统其实还是排除一些人的选举权。比如，拒绝承认犯人投票权和精神上有疾病的人。几乎所有司法系统都拒绝非公民居住者和未成年公民的投票权。由全民普选历史看来，虽然不同地方的制度或多或少有制度上的问题，人为的黑幕和贪污，但全民普选仍然是最尊重最多数人的，比较公平的方法，文明的象征，也是全球各国的发展趋势。

1776年，新泽西授予女性的普选权，资产资格和男性一样（词语"居民"代替"男人"），但后来在1807年被废止。1838年，皮特凯恩群岛授予了有限的女性普选权。在19世纪后期，世界有一半国家和地区授予了有限的女性参政普选权，1861年，从南澳大利亚开始，是第一个无限制女性投票权的地方，但女性最初未被允许参加竞选。第一个授予女性参政权的国家新西兰，在1893年的大选仅仅数星期之前，女性的参政权法案被通过了。1894年，南澳大利亚第一个授予普遍女性公民投票权并允许她们竞选国会议席。

英国村庄橡树

村庄橡树（Clachan Oak）位于英国巴尔弗郎（Balfron），据说威廉·华莱士曾在这里隐蔽休息。这棵橡树被用宽的铁环绑在一起，当地的罪犯们曾被锁在铁链上作为惩罚。

巴尔弗朗（Balfron）是苏格兰斯特林议会区的一个村庄，位于A875路的恩德里克·沃特附近，距离斯特林以西29千米，格拉斯哥北部26千米。巴尔弗郎虽然是一个村庄，但是由于它距离格拉斯哥较近，成为了一个卫星城。

（谢晓香）

威廉·华莱士：一个充满传奇色彩的人物，苏格兰民族英雄。1296年，英格兰吞并苏格兰，他带领苏格兰人民与英格兰展开斗争，希望能脱离英格兰的统治。华莱士在1297年的史特灵桥之役（Battle of Stirling Bridge）中获得大胜利并继续挥军南下进攻英格兰北部，并洗劫约克郡。但在次年的福尔柯克之役（Battle of Falkirk）失败后，他领导苏格兰人展开游击战，失败后流亡法国，希望得到法国对苏格兰做出帮助，不果，返回苏格兰。1305年因被部下出卖而被英王爱德华一世抓到处死。

他的基本情况，正史没有准确的记载，关于他早年经历的所有说法都源于后人流传的口头文学，找不到可靠的佐证。这也难怪，作为名不见经传的小贵族家的次子，与家产和爵位无缘，自然没人刻意记载他的履历。直到他成为英格兰人痛恨、追捕的"叛逆"和苏格兰人崇敬、效法的偶像，大家才开始收集他的事迹，演绎他的传奇。

如今，人们仍然可以在苏格兰很多地方看到威廉·华莱士的纪念碑，其中一座在爱丁堡的一侧的入口处，一座在兰纳克教区教堂门前。而最著名的是在斯蒂林的华莱士纪念碑。华莱士作为一个民族英雄，他被塑造成了各种各样威武的形象，尽管他只活了32岁，在苏格兰还不时可以看到白发银须的华莱士画像，作为苏格兰民族精神的象征，他永远活在苏格兰人民的心中。

国外之贵

英国赫里福郡卷发紫杉

　　在英国赫里福郡的一个墓地可以找到许多卷发（Marcle）紫杉，据报道已经种植了大约500年。其中有一棵已经有1500多年的历史，它在离地面1.4米的位置的周长为9米，这棵古树的经典空心形状是由于硫多孔菌腐烂树心而成。

（伍一雨）

知识链接

　　在英国，墓地并不简单地只同死亡联系在一起，它对于多数人来说更是一种文化的传承。英国家庭多数信奉宗教，在他们看来，墓地是最接近天堂的地方。很多人的婚礼、新生儿的满月庆祝，甚至亲朋好友的聚会都在墓地举行。因此，很多离墓地近的房屋售价都要高一些，如果以英国目前一套房屋均价20万英镑来算的话，这些墓地附近的房屋价格至少要高出三四万英镑。尽管如此，挨着墓地居住仍然是很多英国人的愿望。因此设计师在房屋建设时，喜欢将大量民居按照环形建造，将中间设置为公园和墓地。

墓地文化除了带给人们家庭生活上的特别感受外，还是英国人研究历史、文学的目标。最近英国墓碑铭文档案馆与英国广播公司《历史》杂志联合发起了一个名为"寻找神秘铭文"的墓志铭征集活动，这也让很多有趣的墓志铭为人所知。英国铎尔切斯特地区有块墓碑上刻着："这儿躺着一个不肯花钱买药的人，他若是知道葬礼的花费有多少，大概会追悔他的吝啬。"除了调侃外，将对死亡的理解放进墓志铭也是英国人的习惯。一个墓志铭这样解释"死亡"："当你经过时我看到了你，我曾经像你现在这样，而你也必然如我今天这般，所以请准备好随我而来。"

和普通人相比，一些历史名人的墓志铭就更让人回味了。牛顿在物理学等领域的造诣广为人知，但现实中的牛顿晚年沉迷宗教，又被传出嫉贤妒能，不过他对世界的贡献始终无法磨灭。他的墓志铭是这样写的："他第一个证明了行星的运动与形状，彗星轨道与海洋的潮汐，而他也以自己的哲学证明了上帝的庄严。"英国诗人雪莱的墓志铭是莎士比亚《暴风雪》中的诗句："他并没有消失，不过感受了一次海水的变幻，成了富丽珍奇的瑰宝。"

对于今天的英国人来说，在墓地里沉思是一种奇妙的感受。看着这些静悄悄的历史去思考生命的价值，无论结论是什么，他们都坚信死亡并不是终点。

英国比尤德利甜栗

在英国伍斯特郡比尤德利（Bewdley）Kateshill家庭旅馆附近，有株令人印象深刻的甜栗，据说于16世纪的中叶被种植。它的周长目前已超过10米且还在增长，它的伸展覆盖面超过约1012平方米，有一根从树种延伸出的分枝超过了23米。

伍斯特郡是英国中西部的一个县。1974～1998年之间，它与邻近的赫里福德郡合并为赫里福德和伍斯特。伍斯特郡曾是赫威赛早期英语王国的中心地带，后于公元927年变成英国联合王国的一部分。著名的格雷夫莱尔之家也位于这里。

比尤德利是伍斯特郡维尔森林区的一个小水乡。它位于塞文河的上游，是维尔森林国家级自然保护区的门户，2011年人口普查时人口为9470人。这里还是世界十大花海之一。

（毛倚娴）

英国最大的酸橙树

　　霍尔克酸橙树，位于英国坎布里亚郡的霍尔克庄园。为什么它是一棵英国排名前50的大树呢？原因显而易见，它是英国最大的常见酸橙树，它的树围达到令人印象深刻的8米，至今已经有400多年的历史了。

　　2002年，英国树木委员会为纪念女王的金婚，选出了50棵古树。其中，英格兰有40棵，苏格兰6棵，威尔士3棵，北爱尔兰1棵。

（陆　琴）

英国淡水河谷扭曲紫杉树

　　英国西萨塞克斯郡金利（Kingley）淡水河谷的森林自然保护区，有一些西欧最好的扭曲紫杉树，树林中的这些古树是英国最古老的生物之一。在白垩土地上，紫杉林可以成为占主导地位的植被。

　　一种称为"多胚孔"的生物体死掉以后，它们极其微小的身躯沉到海底。长此以往，就积聚成了厚厚的一层贝壳。几百万年后，这层东西逐渐黏结在一起并且压缩成一种松软的石灰岩，我们称它为"白垩土"。

（钟苇娇）

白垩土: 在海水上面,漂浮着许多极小的动物和植物。其中有一种称为"多胚孔"的单细胞动物。这些生物的外壳是由石灰组成的。当这些生物体死掉以后,它们极其微小的身躯沉到海底。

众所周知,由于地球表面的各种地壳运动,往往使得那些本来在水下的土地变成了陆地。沿英吉利海峡的地带就是这样产生的一块地方。原来在海底的白垩土层被抬移了上来。继后,那些松软的部分被水冲走,留下的便是巨大的白垩土石壁。其中,最著名的两处白垩土石壁要数英吉利海峡两侧的英国多佛和法国狄帕了。

白垩土是一种疏松的土状方解石或石灰石,主要化学成分是$CaCO_3$,主要矿物成分是生物泥晶方解石,质地较纯者,方解石含量可达99%以上,常含石英、长石、黏土矿物及海绿石等杂质。根据颜色和胶结程度,白垩土可分为白色白垩($CaCO_3$含量达到99%)、泥灰白垩、似白垩石灰岩、海绿石白垩四种。

人类使用各种各样的白垩土已有几百年的历史。我们大家都熟悉的黑板粉笔若与某些黏合物质混在一起可防止断裂。最上等的粉笔约含有95%的白垩土。如果再增加一些色料进去,那么就可以制成各种颜料的彩色粉笔了。把白垩土碾磨成粉末,经漂洗,然后再进行过滤,则称为白垩粉。白垩粉可用来制作很多非常有用的产品,诸如油灰、颜料、药品、纸张、牙膏和火药等。

英国克劳赫斯特紫杉

英国萨里郡克劳赫斯特的一所教堂旁生长着一棵紫杉，它是一棵古老的树，树龄可能超过1500年，诉说着许多故事。教堂1630年第一次对它进行测量并记录、描述时，周长为10余米。人们并不知道这棵树上通往中空树干的门是怎么来的，传说当地一个旅馆老板想把他当做额外客房。1820年的时候，发现在这棵树的中空树干中嵌了一枚1643年内战中的炮弹。

克劳赫斯特位于英国萨里郡坦德里奇区，这里有两所类别高于中世纪教堂的建筑，一个是文艺复兴庄园，另一个是克劳赫斯特宫，他们都是一级保护建筑。

（孔静香）

英国托尔沃思甜栗

　　著名的托尔沃思（Tortworth）甜栗树生长在英国格洛斯特郡托尔沃思公寓的草地上，如今树龄超过1200岁，它的周长是让人难以置信的12米。传说它是在公元800年爱格伯特国王统治时期种植的。它被评选为英国50大树之一。

（彭雪薇）

知识链接

　　爱格伯特（约770～839）为8世纪时不列颠岛韦塞克斯王国的国王。在位期间，他征服了不列颠岛上其余6个盎格鲁—撒克逊人王国，结束七国时代，基本统一了英格兰，成为英格兰王国的第一任君主。

根据盎格鲁一撒克逊编年史的记载，爱格伯特是肯特王国国王伊尔蒙德之子，而伊尔蒙德又是前韦塞克斯国王因尼的后裔，因此爱格伯特拥有韦塞克斯王位的继承权。公元786年，当时的韦塞克斯国王驾崩，本来应由爱格伯特继承韦塞克斯王位，但被对手贝奥赫特里克和默西亚王国国王奥发密谋夺得王位。贝奥赫特里克为了防止爱格伯特再次抢夺王位，将他流放，而默西亚王国国王奥发也成功地把爱格伯特的肯特王国置于控制之下。

爱格伯特被流放后，来到欧洲大陆，向法兰克王国的查理大帝寻找庇护，并在法兰克度过13年的岁月。802年，贝奥赫特里克逝世，而默西亚国王奥发也在796年离世，这使得爱格伯特得以回到韦塞克斯王国接掌王位。

爱格伯特成为韦塞克斯国王后，便开始大力发展国家及军力。829年，爱格伯特全面攻陷默西亚王国，默西亚国王维格拉夫只得承认爱格伯特的领主地位。同年，爱格伯特追击剩下的诺森布里亚王国，不久后，诺森布里亚也臣服于爱格伯特，英格兰已经基本统一。爱格伯特自称为"不列颠的统治者"，成为了英格兰王国的第一任君主，开始韦塞克斯王朝的统治。838年，爱格伯特率军在亨斯顿成功击败丹麦诺曼人和威尔士人的联军，暂时解除了丹麦人对英格兰的威胁。他在任期间，英国仍然处于动荡不安的年代，但他成功地结束了七国割据，为英国的统一打下基础。

839年，爱格伯特在英格兰康沃尔逝世，其子埃塞伍尔夫继承他的领地。直至871年，其后裔阿佛列大帝才真正称自己为"英格兰国王"，但一般认为爱格伯特是第一位英格兰国王。

英国蒙哥马利郡树

英国卡迪夫圣梅隆有一棵惊人的古树，如果你在英国开车经过繁忙的A48公路时可以看到它。

卡迪夫是威尔士的首府，也是欧洲最年轻的首府。这个城市拥有奇妙的商店，活跃的夜生活，繁荣的艺术和文化氛围，以及可以追溯到罗马时期的历史。卡迪夫四季皆宜旅游。卡迪夫属温带海洋性气候。1月平均气温5℃左右，7月16℃。年降水量1357毫米。卡迪夫拥有全球著名的千年体育场，这里既是威尔士足球队和橄榄球队的主场，也是世界杯决赛的临时场馆。

A48公路是英国的主干路。1966年建成塞文桥之前，它是南威尔士和英格兰西南部之间的主要途径。在建成塞文二桥之前，当塞文桥上风大的时候，A48也被用作辅助道路，同时也是一条观光路。　　　　（陆银兴）

法国

● 法国庞萨斯山毛榉

　　法国，法兰西共和国（the French Republic），通称法国，是一个本土位于西欧的总统共和制国家，海外领土包括南美洲和南太平洋的一些地区。

　　国花：香根鸢尾。国树：雪松。国鸟：云雀。

法国庞萨斯山毛榉

庞萨斯（Ponthus）山毛榉，树龄600多年，位于法国布劳赛良德（Broceliande）森林里。传说那是一片曾有巫师住过的魔法森林。

布劳赛良德森林位于法国布列塔尼（Bretagne）半岛，传说是魔术师梅灵（Mirlin）居住的地方。梅灵是英国圆桌骑士传说中的魔术师，被他的情妇维维安用符咒幽禁在森林里的荆棘丛中，常常发出怨恨的叫声。

（康天鹏）

最美古树名木

国外之贵

知识链接

山毛榉：别名麻栎金刚、石灰木、白半树、杂子树、矮栗树、长柄山毛榉、水青冈。山毛榉是几个不同类型树种的通称，尤指山毛榉科、山毛榉属约10种落叶观赏植物和材用树，主要产于北半球温带和亚热带地区。广泛分布在亚洲、欧洲与北美洲，也是温带阔叶落叶林的主要构成树种之一。其果实也是一些小型哺乳动物的食物。

山毛榉木材浅红褐色，在水下经久不腐，可制室内器件、装饰品、工具柄和货柜。

坚果为狩猎动物的食料，亦可用来育肥家禽或生产食用油。

供乐器、仪器箱盒、高级家具、贴面单板、胶合板、地板、墙板、走廊扶手、运动器械、船舶、车辆、文具、工农具柄、农具、木桶、玩具、日杂器皿、木柱、枕木、坑木、电杆、造纸、烧炭用材，也是良好的薪材原料。山毛榉地板具有均匀的白里带红色，通过蒸汽处理可变成红棕色，其结构细致而均匀，重量中等，密度为0.72克/立方厘米；为散孔材，孔细、年轮标记清晰，有醒目的木射线；弹性较小，硬度大，耐磨性强，容易劈开，有韧性，承载力大，适用于各种类型的加工机器，便于加工。山毛榉材干燥简易。通过水蒸气预处理，能很好地弯曲。此外，它能很好地浸渍，容易进行表面处理，从而可以得到各种希望的色调。山毛榉容易遭受霉菌侵袭，因此未经处理的不可于外部放置。

德国

德国

- 德国菩提树
- 德国樱花隧道

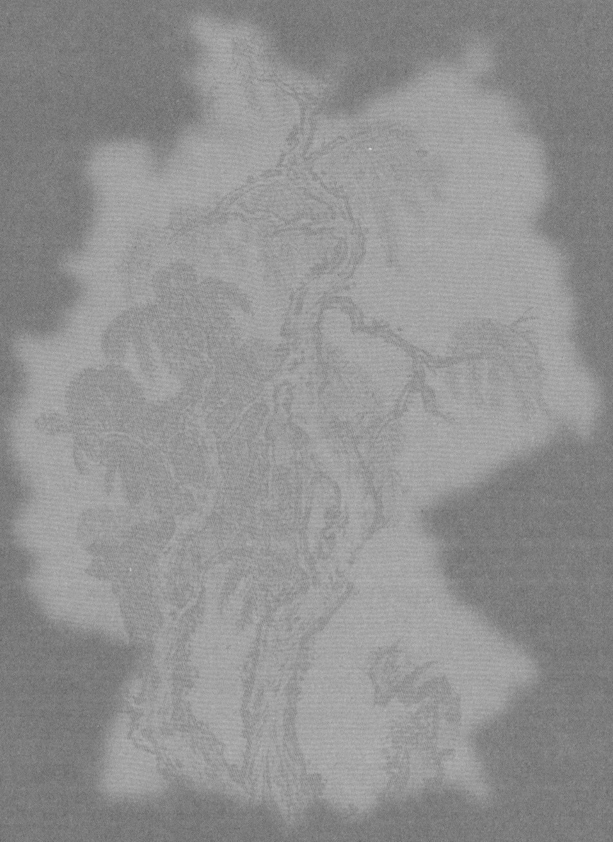

德意志联邦共和国（The Federal Republic of Germany），通称德国，位于中欧的联邦议会共和制国家，该国由16个联邦州组成，首都为柏林，领土面积357167平方千米，以温带气候为主，是欧洲联盟中人口最多的国家。

国花：矢车菊。国树：橡树。国鸟：白鹳。

德国菩提树

　　菩提树是恋人之树，位于斯堪的纳维亚半岛。菩提树是精灵最爱去的地方。在马塞尔·普鲁斯特的长篇巨著《追忆似水年华》中，主角查尔斯·斯旺吃了用菩提树花茶沾过的玛德琳蛋糕之后，过去的事情便一下子回想起来了。

　　在欧洲的许多地方，人们普遍认为只有在菩提树下才能讲出事情的真相，因此司法听证一般都在菩提树下进行。在德国的Peesten，许多节日活动和舞会都会在这棵名为Tanzlinde的菩提树附近举行。最初的那棵菩提树种植于16世纪末，1951年因病死亡后被一棵新的菩提树取代，2001年当地人重新修建了由这棵树支撑的舞台。

（寇　荔）

《追忆似水年华》：是一部意识流小说，是一部巴尔扎克《人间喜剧》那样"规模宏大"的作品。小说的叙述者"我"是一个富于才华，喜爱文学艺术而又体弱多病的富家子弟。作品透过主人公的追忆，表现了作者对家庭、童年和初恋时感情的怀念，对庸俗事物的厌恶，同时也反映了19世纪末20世纪初所谓"黄金时代"的法国巴黎上流社会的种种人情世态。

在这本小说中，"生命只是一连串孤立的片刻，靠着回忆和幻想，许多意义浮现了，然后消失，消失之后又浮现。"如一连串在海中跳跃的浪花。以独特的艺术形式，表现出文学创作上的新观念和新技巧。小说以追忆的手段，借助超越时空概念的潜在意识，不时交叉地重现已逝去的岁月，从中抒发对故人、往事的无限怀念和难以排遣的惆怅。作者马塞尔·普鲁斯特是19世纪末、20世纪初法国伟大的作家。在法国乃至世界文学史上，他同巴尔扎克一样，都占据着极其重要的地位。普鲁斯特的这种写作技巧，不仅对当时小说写作的传统模式是一种突破，而且对日后形形色色新小说流派的出现，也产生了深远的影响。

它不仅再现了客观世界，同时也展现了叙述者的主观世界，记录了叙述者对客观世界的内心感受。经得起时间考验的天才作品，实质上总是超时代，超流派的。《追忆似水年华》就给了我们具体的论证。

德国樱花隧道

　　每年春季，德国波恩的这条街道就会变成让人陶醉的樱花隧道。其实波恩的樱花隧道有两条，其中位于赫尔斯特拉伯的最受游客欢迎。樱花花期通常为7~10天，因天气条件不同而有所差异。

　　波恩是德国北莱茵—威斯特法伦南部莱茵河畔的一个城市，是前西德首都。

　　樱花性喜阳光，喜欢温暖湿润的气候环境，樱花花朵极其美丽，盛开时节，满树烂漫，如云似霞，是早春开花的著名观赏花木。　　　　（韩惠宜）

阿尔巴尼亚

● 阿尔巴尼亚最古老的橄榄树

阿尔巴尼亚（Republic of Albania）位于东南欧巴尔干半岛西岸，海岸线长472千米。阿尔巴尼亚为欧洲最不发达和低收入的贫困国家之一，阿尔巴尼亚有山鹰之国之称。

国花：胭脂虫栎。国树：油橄榄。国鸟：金雕。

阿尔巴尼亚最古老的橄榄树

这棵阿尔巴尼亚最古老的橄榄树，树龄超过3000年。

阿尔巴尼亚位于东南欧巴尔干半岛西岸，北接塞尔维亚与黑山，东北与马其顿相连，东南邻希腊，西濒亚得里亚海和伊奥尼亚海，隔奥特朗托海峡与意大利相望。该国总面积为28748平方千米，海岸线长472千米，山地和丘陵占全国面积的3/4，西部沿海为平原。气候为亚热带地中海型气候。国旗上绘有一只黑色的双头雄鹰，故此阿尔巴尼亚也有山鹰之国之称。

橄榄树是阿尔巴尼亚国树，为木犀科、齐墩果属常绿乔木。栽培品种有

较高食用价值，含丰富优质食用植物油——橄榄油，为著名亚热带果树和重要经济林木，盛产于地中海气候区。橄榄树的果实是一种小的核果，有1～2.5厘米长，野外生长的比果园培植的果肉更少，体积更小。20世纪70年代中期，全世界橄榄树达到8亿株，纯林占1/3。

（赵　翠）

1964年2月，阿尔巴尼亚赠送中国一万株油橄榄苗木，这批苗木分别在全国8个种植点种植，昆明海口林场就是其中的种植试验区之一。同年3月3日，周恩来总理来到昆明海口林场考察油橄榄种植情况，与阿尔巴尼亚专家一起种下了一株象征中阿友谊的油橄榄树。半个多世纪以来，这株油橄榄树在林场工作人员的精心管护下已长成枝繁叶茂的大树，被市政府列为保护名木。

日本

- 日本三春滝樱
- 日本岐阜・根尾谷淡墨樱
- 日本山高神代樱
- 日本折叠狩宿的下马樱
- 日本石户蒲樱
- 日本百岁紫藤
- 日本紫藤隧道

日本国（Japan），通称日本，位于亚洲东部、太平洋西北。领土由本州、四国、九州、北海道四大岛及7200多个小岛组成，总面积37.8万平方千米。主体民族为和族，通用日语，总人口约1.26亿。

国花：樱花。国树：杉树。国鸟：乌鸦。

日本三春滝樱

　　日本三春滝樱树种为红枝垂樱，是拥有1000年以上树龄的古树。每年4月中下旬，滝樱向四周伸开的枝头上会盛开如瀑布一般垂下的薄红樱花，其名也是由此而来的（瀑布樱）。天保时滝樱由于加茂季鹰的咏歌而为天下所知，作为三春藩主的御用木被保护起来。滝樱树高12米，根部范围11米，树干周长为9.5米，展开的树枝东西22米，南北18米。三春滝樱在樱花排行中经常占据第一名，在日本国民中人气最高。

（赵　竣）

最美古树名木
国外之贵

知识链接

八重红枝垂樱：原产日本，分布在华北、华东、华南、中原地区及东北、西北的大部分地区有广泛的传统栽植。八重红枝垂樱在1928年被引进到北美洲及欧洲，在华盛顿特区等地都有广泛种植。

八重红枝垂樱是稀有的垂枝樱花新品种，落叶乔木，枝条细长下垂，花先叶或同开放，春芽绿色；花蕾红色，花初开红色，盛开为粉白色；花瓣20～23枚，外瓣较飞舞，八重红枝垂樱花朵极其美丽，盛开时节，满树烂漫，如云似霞，是珍贵的春季赏花乔木，花期3月下旬至4月中旬。树形成型快，分枝能力强，整体错落有型，极易形成花苞。成年树树形犹如垂柳，随风飘逸，甚为美观。

八重红枝垂樱生长势旺，喜光，适应性广，耐寒，耐旱，病虫害较少。土壤pH要保持在6.0左右。对连续进行樱花栽培的地块，为了防止土壤的酸性过重，可以撒施一些石灰钙粉。

八重红枝垂樱可培育成灌木和小乔木，用于庭院和公共绿地种植，色彩丰富，花期时间长，丰富夏秋少花季节。既可单植，也可列植、丛植，与其他乔灌木搭配，形成丰富多彩的四季景象。八重红枝垂樱具有极高的观赏价值，并且具有易栽、易管理的特点。在园林中可根据当地的实际情况和造景的需求，采用孤植、对植、群植、丛植和列植等方式进行科学而艺术的造景。如丛植或群植于山坡、平地或风景区内；配置于水滨、池畔，观赏效果极佳；配置于山石、立峰之旁；配置于常绿树丛之中。

日本岐阜·根尾谷淡墨樱

　　岐阜·根尾谷淡墨樱生长在淡墨公园，是树龄1500年以上的江户彼岸樱古树。淡墨樱在花蕾时期呈淡粉色、盛开时为白色，凋谢时则为特殊的淡墨色，淡墨樱名字就来源于凋谢时花瓣的颜色。樱树高16.3米，目测树干周长为9.91米，枝叶伸展开来东西26.9米，南北20.2米。树龄推测为1500余年，传说是由继体天皇亲手栽种的，是日本第二古树。

　　近年来其树干老化比较明显，树干内部的空洞也在渐渐扩大，樱树在树木医生及当地居民的看护下被保护起来，曾几度有过枯死的危险，在1948年

做过238根续根大手术，才得以恢复其原来姿态。

作家宇野千代曾为其赋诗《淡墨之樱》，并开展了保护淡墨樱的行动。

（夏楠蓓）

知识链接

淡墨樱：品种为江户彼岸樱，是日本本州、四国、九州山地的原生种，先开花再长叶子，花色多变，花梗呈壶状、花形小巧。由于在春分彼岸的时节（日本的扫墓时间，春分或秋分前后共7天）就开花，所以称为彼岸樱。因为樱花在飘落时带有淡淡的墨色，故给它取名为淡墨樱。据说还是继体天皇亲手种植的樱花，已有1500多年的历史，是日本第二老树。曾几度有过枯死的危险，在昭和23年（1948年）做过238根续根大手术，才得以恢复其原来姿势。开花在4月上旬。

宇野千代（1897－1996）：在大正、昭和年间活跃的日本小说家、随笔家。以多才多艺为人所知，作为图书编辑者和服设计师、实业家都很成功。和作家尾崎士郎、画家的东乡青儿、记者北原武夫等等很多名人有恋爱、结婚经历、具有丰富的波澜曲折的一生，在各种各样的作品中被描述。

日本山高神代樱

　　山高神代樱是树龄近2000年的江户彼岸樱古树，是日本最老的树。1922年10月12日被指定为日本自然保护植物第一号，1990年6月又被指定为新日本名树百选。据说这棵树是日本武尊东征时种下的；传说，镰仓时代日莲看到这棵樱树逐渐枯萎，便向上天祈祷让樱树复活了。

　　2006年，为了让山高神代樱成为观光胜地，相关部门为加固树木的根部、修复树上的伤痕进行了一系列措施：禁止车辆通过樱树附近的道路，更换根部的土壤，修缮樱树的围栏等，包在树干上20年的铁皮也被撤去了。

（余少庆）

日本折叠狩宿的下马樱

　　1193年日本镰仓幕府大将军源赖朝参加富士的围猎行动时，在这棵樱花树附近下马驻营，所以这棵树就被叫做狩宿的下马樱。还有一种说法是源颊朝下马后将马拴在樱树上，由此还得到了"停马樱"的别称。

　　下马樱的树龄超过800年，过去树高35米，树干周长8.5米。然而它在数次台风的影响之下逐渐衰弱，不如最盛时期了。

（鲁艾弈）

源赖朝（1147～1199），日本镰仓幕府首任征夷大将军，也是日本幕府制度的建立者。他是平安时代末期河内源氏的源义朝的第三子，幼名"鬼武者"。著名的武将源义经是他的同父异母弟。

1147年，源赖朝出生在河内源氏的家族。1159年，其父源义朝在平治之乱中战败被杀，源赖朝被流放于伊豆国。1180年，后白河法皇的第三皇子以仁王向日本各地的源氏族人发出讨伐平家的令旨，源赖朝与岳父北条时政举兵打败平氏军，占据关东地区，以镰仓为根据地，积聚力量。后来攻灭堂弟木曾义仲的势力，1185年灭平氏。随后放逐并诛杀了有战功的源义经，强化了对诸国守护和地头的支配。1189年发动奥州合战，攻灭了割据陆奥国地区的奥州藤原氏势力，统一全国。

1192年，源赖朝正式出任征夷大将军。此后在朝廷之下建立武家政权。此政权被历史学家称为镰仓幕府。镰仓幕府的建立标志着日本长达680年的幕府时代的开始，直到明治天皇在1868年颁布王政复古之后才结束。

源赖朝在平治之乱后，于1160年被流放到伊豆蛭小岛，在那里度过了"二十年春秋"。在伊豆流放的二十年间，正是日本社会动荡的时期。平氏的专权，激起全国朝野的愤怒，各地武士纷纷举兵起事。当时的皇室虽对平氏恨之入骨，但是由于软弱无能，难以成为号召全国统一的旗帜，日本面临着分裂的危险时刻。源赖朝在这一关键时刻崛起，用六年时间征服了所有对手，并通过御家人制度，使全国大多数武士臣服，为避免日本社会的大分裂，立下了不朽的功绩。在建立镰仓幕府的整个过程中，源赖朝表现出非凡的军事才能和政治才能。但是，他和许多英雄人物一样，缺点、错误也是极为明显的。

日本石户蒲樱

石户蒲樱位于东光寺内，名字来源于一个传说：镰仓时代的一个武将战败逃进石户宿，隐姓埋名生存了下来，死后立坟于樱树之下。樱树高14米，根部范围4.41米，树干周长6.6米。

1922年10月12日，石户蒲樱被指定为日本国家自然保护植物。当时它是十分巨大的树木，但在二战后就逐渐衰弱，现在4根树干只剩下了1根。而仅存的树干内也有了一个很大的空洞。石户蒲樱属于山樱及江户彼岸樱的自然杂交种，全世界只有东光寺内的这一棵。   （陈　刚）

东光寺： 位于日本汤之谷川的江畔。据记载，这座寺院过去曾经佛堂成群，而现在只保存下一座小佛堂。寺院的信仰中心"佛"，是一尊"药师如来"佛的坐像。

佛像从表面上看是用一块普通的石头做成的。而实际上，它是用温泉里的沉淀物（汤之花）固化后所形成的石材雕琢而成的。佛像高约3米，胸部有一个小洞，是温泉从那里冒出来时所遗留下来的痕迹。正因为它的胸部曾经有温泉流出，所以这尊佛像也被称作"汤之胸药师"。

日本百岁紫藤

日本栃木县足利公园有一棵144岁左右的紫藤，虽然它不是世界上最大的紫藤，但面积也足有1990平方米（世界最大的紫藤位于美国加利福尼亚州，面积为4000平方米）。

它虽看起来像树，但其实是一株藤蔓植物，茎秆有缠绕性，需要用钢铁支架作为支撑。每到花开时节，一串串蝴蝶形状的花朵垂直向下，犹如紫色瀑布一般，壮丽迷人、如梦如幻。

到了晚上，在灯光的照射下，紫色瀑布又变成了粉色，游客们走在粉色花海之下，仿佛整个世界都变成了粉色。

古老的紫藤树，花如瀑布雨水，甚是震撼！

（井焱丹）

紫藤：别名藤萝、朱藤、黄环。属豆科、紫藤属，一种落叶攀援缠绕性大藤本植物。干皮深灰色，不裂；春季开花，青紫色蝶形花冠，花紫色或深紫色，十分美丽。紫藤为暖带及温带植物，对生长环境的适应性强。产河北以南黄河、长江流域及陕西、河南、广西、贵州、云南。民间紫色花朵或水焯凉拌，或者裹面油炸，制作"紫萝饼""紫萝糕"等风味面食。

紫藤为暖带及温带植物，对气候和土壤的适应性强，较耐寒，能耐水湿及瘠薄土壤，喜光，较耐阴。以土层深厚、排水良好、向阳避风的地方栽培最适宜。主根深，侧根浅，不耐移栽。生长较快，寿命很长。缠绕能力强，它对其他植物有绞杀作用。

紫藤的适应能力强，耐热、耐寒，在中国从南到北都有栽培。所以在广东，一年四季的温度都能适应紫藤。越冬时应置于0℃左右低温处，保持盆土微湿，使植株充分休眠。

紫藤为长寿树种，民间极喜种植，成年的植株茎蔓蜿蜒屈曲，开花繁多，串串花序悬挂于绿叶藤蔓之间，瘦长的荚果迎风摇曳，自古以来中国文人皆爱以其为题材咏诗作画。在庭院中用其攀绕棚架，制成花廊，或用其攀绕枯木，有枯木逢生之意。还可做成姿态优美的悬崖式盆景，置于高几架、书柜顶上，繁花满树，老桩横斜，别有韵致。

　　把紫藤花当做下酒菜，这可是与彼时的餐饮习俗相互契合的。金朝学者冯延登称赞，在斋宴之中，紫藤花堪比素八珍的美味，食用紫藤花的风俗绵延传承至今。民间紫色花朵或水焯凉拌，或者裹面油炸，抑或作为添加剂，制作"紫萝饼""紫萝糕"等风味面食。

　　紫藤蓝色、白色的花朵非常美丽，它主要生长在美国南部和西南部地区，又名云豆树。它的全身都具有毒性，尽管有些报告说其花不带毒，但还是小心为妙。因为大量报道以及科学研究证明，一旦误食，会引起恶心、呕吐、腹部绞痛、腹泻。

　　李白曾有诗云："紫藤挂云木，花蔓宜阳春。密叶隐歌鸟，香风留美人。"暮春时节，正是紫藤吐艳之时。但见一串串硕大的花穗垂挂枝头，紫中带蓝，灿若云霞，灰褐色的枝蔓如龙蛇般蜿蜒。难怪古往今来的画家都爱将紫藤作为花鸟画的好题材。

日本紫藤隧道

　　日本福冈县北九州市的河内藤园中有一条紫藤隧道，每年的4～5月是观赏紫藤隧道的最佳时间。

　　紫藤具有较高的园艺装饰价值和药用价值，开花繁多，串串花序悬挂于绿叶藤蔓之间，瘦长的荚果迎风摇曳，漂亮至极，紫藤隧道是到日本旅游的必游景点。

　　春季紫藤烂漫，其枝蔓如同葡萄藤，匍匐而上，将公园的一条大道装扮成由不同颜色组成的隧道。虽然花期仅仅有半个月，但是绚丽多姿的紫藤隧道引人入胜。

　　紫藤隧道最适合情侣手牵手漫步，漫步在紫色和白色的隧道紫藤中，仿佛变成了童话中的公主和王子，幸福地牵手奔向了美好的明天，为游客提供了一个极好的逃脱现实世界的"仙境"。　　　　　　　　　　　　　　（徐经岚）

印度共和国

印度共和国（Republic of India），通称印度，位于10°N～30°N，南亚次大陆最大国家。海岸线长5560千米。大体属热带季风气候。

国花：荷花。国树；菩提树。国鸟：蓝孔雀。

印度神圣树社

最开始的时候，Deepak Tadaw一家人在瓦拉纳西市的一棵苦楝树下用货车贩卖糖果，他们每天都会祭拜这棵树，生意也越来越好。在印度教教徒看来，苦楝树是幸运女神喜塔腊的化身，是一种神圣的树。因此他们从不砍伐苦楝树，于是这家人干脆围着这棵树建造了自家的糖果店。

苦楝树，楝科植物中的著名品种，又称苦苓、金铃子、栴檀、森树等。生于旷野或路旁，常栽培于屋前房后。该植物在湿润的沃土上生长迅速，对土壤要求不高，在酸性土、中性土与石灰岩地区均能生长，是平原及低海拔丘陵区的良好造林树种，在村边路旁种植更为适宜。该种是材用植物，亦是药用植物，其花、叶、果实、根皮均可入药，用根皮可驱蛔虫和钩虫，但有

毒，用时要严遵医嘱，根皮粉调醋可治疥癣，用苦楝子做成油膏可治头癣。此外，果核仁油可供制润滑油和肥皂等。

（钱富武）

知识链接

苦楝树：楝科植物中的著名品种，又称苦苓、金铃子、栴檀、森树等。为楝科落叶乔木植物，高10～20米。树皮暗褐色，纵裂，老枝紫色，有多数细小皮孔。

喜温暖、湿润气候，喜光，不耐庇荫，较耐寒，华北地区幼树易受冻害。在酸性、中性和碱性土壤中均能生长，在含盐量0.45%以下的盐渍地上也能良好生长。

耐干旱、瘠薄，也能生长于水边，但以在深厚、肥沃、湿润的土壤中生长较好。楝树势强壮，萌芽力强，抗风，生长迅速，花艳、量多，极具观赏性。耐烟尘，抗二氧化硫和抗病虫害能力强。

生于旷野或路旁，常栽培于屋前房后。该植物在湿润的沃土上生长迅速，对土壤要求不严，在酸性土、中性土与石灰岩地区均能生长，是平原及低海拔丘陵区的良好造林树种，在村边路旁种植更为适宜。该种是材用植物，亦是药用植物，其花、叶、果实、根均可入药，用根皮可驱蛔虫和钩虫，但有毒，用时要严遵医嘱，根皮粉调醋可治疥癣，用苦楝子做成油膏可治头癣。此外，果核仁油可供制润滑油和肥皂等。

树形优美，叶形秀丽，春夏之交开淡紫色花朵，颇美

丽，且有淡香，宜作庭荫树及行道树；加之耐烟尘、抗二氧
化硫，是良好的城市及工矿区绿化树种，宜在草坪孤植、丛
植，或配植于池边、路旁、坡地。

该树既能抗吸二氧化硫、氟化氢等有毒有害气体，又是
杀虫能手，可防治12种严重的农业害虫，被称为无污染的植
物杀虫剂。适于生长在水热条件比较优越的亚热带季风区。

边材黄白色，心材黄色至红褐色，纹理粗而美，质轻
软，有光泽，施工易，是家具、建筑、农具、舟车、乐器等
良好用材；用鲜叶可灭钉螺和作农药，果核仁油可供制油
漆、润滑油和肥皂。

印度重生的菩提树

大约2500年前，乔达摩·悉达多被认为是在印度菩提伽耶的无花果树下顿悟。根据佛教经文，佛祖顿悟后，他抬起头感恩地望着树不眨眼整整保持了一周时间。

印度阿育王在有生之年里都把菩提树视为神圣的神社，每年都会在象征荣耀的树下举行节日庆典。然而他的皇后心胸十分狭窄，把树给刺死了。但菩提树笑到了最后，它在同样的地方获得再生，人们在树旁也建造了宏伟的寺庙。即使在今天，这棵树仍是最重要的4个佛教朝圣地之一。

（方旭红）

乔达摩·悉达多： 古印度著名思想家，古印度迦毗罗卫国释迦族人，古印度迦毗罗卫国净饭王太子，名为悉达多，意为"一切义成就者"，佛教的创始者，被后世尊称为释迦牟尼佛、佛陀、世尊。

释迦牟尼佛诞生于2500多年前的古印度（公元前565～公元前486），虽然太子的贵族生活优裕而舒适，但是因观察到社会贫富悬殊，四姓阶级的不平等，又有众生之间的弱肉强食，尤其有感于生老病死的逼迫，人生的无常，于是他生起出家求解脱的志愿与悲心。终于在19岁那年的二月初八，夜出宫门，出家修道传道。

阿育王（公元前273～前232年在位）。古代印度摩揭陀国孔雀王朝的第三代国王，阿育王的知名度在古印度帝王之中是无与伦比的，他对历史的影响同样也可居古印度帝王之首。约公元前273年，宾头娑罗身染重病，朝中未立太子，为了夺取王位，阿育王在大臣成护的帮助下，加入了争夺王位的斗争。传说阿育王曾经谋杀的兄弟姐妹有99人。最终，阿育王获得了胜利。

阿育王早年好战杀戮，统一了整个南亚次大陆和今阿富汗的一部分地区，晚年笃信佛教，放下屠刀。又被称为"无忧王"。阿育王在全国各地兴建佛教建筑，据说总共兴建了84000座奉祀佛骨的佛舍利塔。为了消除佛教不同教派的争议，阿育王曾邀请著名高僧目犍连子帝须长老召集1000比丘，在华氏城举行大结集（此为佛教史上第三次大结集），驱除了外道，整理了经典，并编撰了《论事》，为佛教在印度的发展做出了巨大的贡献。他的统治时期是古印度史上空前强盛的时代，他是印度历史上最伟大的国王。

以色列

● 以色列两千岁枣树

以色列（State of Israel），是一个位于西亚黎凡特地区的国家，地处地中海的东南方向。1948年宣布独立，2014年1月人口已超过813万，其中犹太人611万人，是世界上唯一以犹太人为主体民族的国家。

国花：银莲花。国鸟：戴胜。

以色列两千岁枣树

以色列死海附近有一棵2000岁的古枣树。

死海是一个内陆盐湖，位于以色列和约旦之间的约旦谷地，长80千米，宽处为18千米，表面积约1020平方千米，平均深300米，最深处415米。死海无出口，进水主要靠约旦河，进水量大致与蒸发量相等，为世界上盐度最高的天然水体之一。死海湖中及湖岸均富含盐分，在这样的水中，鱼和其他水生物都难以生存，水中只有细菌没有生物，岸边及周围地区也没有花草生长，故人们称之为"死海"。

枣树，落叶小乔木，稀灌木，高达10余米，生长于海拔1700米以下的山区、丘陵或平原。广为栽培。本种原产中国，现在亚洲、欧洲和美洲常有栽培。中国枣约于公元1世纪经叙利亚传入地中海沿岸和西欧，19世纪由欧洲传入北美。

（龚蓝莹）

泰国

　　泰王国（the Kingdom of Thailand），通称泰国。是一个位于东南亚的君主立宪制国家。泰国位于中南半岛中部，其西部与北部和缅甸、安达曼海接壤，东北边是老挝，东南是柬埔寨，南边狭长的半岛与马来西亚相连。

　　国花：睡莲。国树：桂树。国鸟：火背鹇。

泰国包裹着石佛的树

这棵古树缠绕着一座石佛，它位于泰国大城府。

泰国是一个位于东南亚的君主立宪制国家，位于中南半岛中部，其西部与北部和缅甸、安达曼海接壤，东北边是老挝，东南是柬埔寨，南边狭长的半岛与马来西亚相连。

泰国旧名暹罗，1949年5月11日，泰国人用自己民族的名称，把"暹罗"改为"泰"，主要是取其"自由"之意。泰国是佛教之国，大多数泰国人信奉四面佛。佛教徒占全国人口的九成以上。泰国的文化图腾是大象，象征着荣誉、神圣和尊贵，也是力量的"标尺"。大象的力量再大，也大不过人们的戮力同心。因此有谚语云：箭装满袋，大象踩不断；团结起来，力量胜过大象。

（钱亚凤）

大城府： 是位于泰国中部挽巴茵县之湄南河畔阁云区的一个名胜古迹。

大城府为一个有悠久历史的古老故都，华人习称为"大城府"。1347年，素可泰时代衰落后，乌通王迁至该府建立新都，大城时代历417年，共有33位君主，自1350年兴起，至1767年沦亡。1350年，乌通王在此建都，脱离素可泰王国宣布独立，建立阿瑜陀耶王国，不久吞并素可泰王国，被中国明朝封为暹罗国王。1767年，缅甸军队攻陷大城，阿瑜陀耶王国灭亡。后郑信重建王国，将首都南迁至吞武里。原王城遗址现为阿瑜陀耶历史公园，被列为联合国教科文组织世界遗产。该府作为大城时代的首都时，其文化、艺术、国际贸易均非常发达，很可惜，此古城遭入侵缅甸军人纵火彻底破坏，现只剩下部分宫殿遗迹、珍贵佛像和精美雕刻等供人凭吊。

面积约为2556.6平方千米，距首都曼谷约76千米。其疆域北连红统府及华富里府；东濒北标府，南毗巴吞他尼府，西临素攀府及暖武里府。大城府为广阔平原，河道纵横，是三条河流的汇合处。农业发达，为全泰国最大的产米区。另外，水产丰富，且有不少大、中、小型工厂。

印度尼西亚

印度尼西亚共和国（The Republic of Indonesia），通称印尼，是东南亚国家，首都为雅加达，与巴布亚新几内亚、东帝汶和马来西亚等国家相接。印尼由约17508个岛屿组成，是马来群岛的一部分，也是全世界最大的群岛国家，疆域横跨亚洲及大洋洲，别称"千岛之国"。

国鸟：雄鹰。国花：毛茉莉。

印度尼西亚布努博龙榕树

　　在印度尼西亚巴厘岛一个陡峭的山坡上有一株榕树，名为布努博龙。后来需要修路的时候，工程师考察完地形后，认为不适合在榕树周围施工。因为在印尼，神圣的树是不能砍伐的，所以这条路最终穿越其气生根建造完成。如今，这棵树仍受到许多人的尊崇。

　　印度的神话中，榕树能够实现人们的愿望。菩提树是榕树的近亲，释迦牟尼就是在菩提树下坐了7天才开悟的。

榕树：大乔木，高达15～25米，胸径达50厘米，冠幅广展；老树常有锈褐色气根。树皮深灰色。叶薄革质，狭椭圆形，表面深绿色，有光泽，全缘。榕果成对腋生或生于已落叶枝叶腋，成熟时黄或微红色，扁球形，基生苞片3，广卵形，宿存；雄花、雌花、瘿花同生于一榕果内，花间有少许短刚毛；花被片3，广卵形，花柱近侧生，柱头短，棒形。瘦果卵圆形。花期5～6月。

榕树的适应性强，喜疏松肥沃的酸性土，在瘠薄的沙质土中也能生长，在碱土中叶片黄化。不耐旱，较耐水湿，短时间水涝不会烂根。在干燥的气候条件下生长不良，在潮湿的空气中能发生大气生根，使观赏价值大大提高。喜阳光充足、温暖湿润气候，不耐寒，除华南地区外多作盆栽。对土壤要求不严，在微酸和微碱性土中均能生长，怕烈日曝晒。

榕树被评为福建省省树，榕树也被福州、赣州评为市树。分布于中国、斯里兰卡、印度、缅甸、泰国、越南、马来西亚、菲律宾、日本、巴布亚新几内亚和澳大利亚直至加罗林群岛。

可作行道树。树皮纤维可制渔网和人造棉。气根、树皮和叶芽作清热解表药。

在孟加拉国的热带雨林中，生长着一株大榕树，郁郁葱葱，蔚然成林。从它树枝上向下生长的垂挂"气根"，多达4000余条，落地入土后成为"支柱根"。这样，柱根相连，

柱枝相托，枝叶扩展，形成遮天蔽日、独木成林的奇观。巨大的树冠投影面积竟达10000平方米之多，曾容纳一支几千人的军队在树下躲避骄阳。

在中国广东新会县环城乡的天马河边，也有一株古榕树，树冠覆盖面积约15亩，可让数百人在树下乘凉。中国台湾、福建、广东和浙江的南部都有榕树生长，田间、路旁大小榕树都成了一座座天然的凉亭，是农民和过路人休息、乘凉和躲避风雨的好场所。

南非

● 南非蓝花楹隧道
● 南非生命之树

南非共和国（The Republic of South Africa），通称南非，地处南半球，有"彩虹之国"之美誉，位于非洲大陆的最南端，陆地面积为1219090平方千米，其东、南、西三面被印度洋和大西洋环抱，陆地上与纳米比亚、博茨瓦纳、莱索托、津巴布韦、莫桑比克和斯威士兰接壤。东面隔印度洋和澳大利亚相望，西面隔大西洋和巴西、阿根廷相望。

国花：帝王花。国树：罗汉松。国鸟：蓝鹤。

南非蓝花楹隧道

　　南非的约翰内斯堡拥有世界上最大的人造森林之一，超过1000万棵树生长在这个南非最大的城市。世界上有至少49种蓝花楹，其中大部分原产于南美和加勒比海地区。图中的蓝花楹隧道位于比勒陀利亚，当地拥有70000多棵蓝花楹，盛开时使整个城市到处呈现出绚烂的紫色和蓝色。

　　蓝花楹为一种美丽的观叶、观花树种。世界热带、暖亚热带地区广泛栽作行道树、遮阴树和风景树。好温暖气候，宜种植于阳光充足的地方。对土壤条件要求不严，在一般中性和微酸性的土壤中都能生长良好。

（朱　千）

蓝花楹：紫葳科落叶乔木，高达15米。原产南美洲巴西，中国近年来引种栽培供观赏。

蓝花楹是观赏、观叶、观花树种，热带、暖亚热带地区广泛栽作行道树、遮阴树和风景树，木材黄白色至灰色，质软而轻，纹理通直，加工容易，可作家具用材。该种同时具有观赏与经济价值。

落叶乔木，高达15米。叶对生，为2回羽状复叶，羽片通常在16对以上，每1羽片有小叶16～24对；小叶椭圆状披针形至椭圆状菱形，长6～12毫米，宽2～7毫米，顶端急尖，基部楔形，全缘。花蓝色，花序长达30厘米，直径约18厘米。花萼筒状，长宽约5毫米，萼齿5。

花冠筒细长，蓝色，下部微弯，上部膨大，长约18厘米，花冠裂片圆形。花丝着生于花冠筒中部。子房圆柱形，无毛。

蒴果木质，扁卵圆形，长宽均约5厘米，中部较厚，四周逐渐变薄，不平展。花期5～6月。

喜温暖湿润、阳光充足的环境，不耐霜雪。对土壤条件要求不严，在一般中性和微酸性的土壤中都能生长良好。

每年夏、秋两季各开一次花，盛花期满树紫蓝色花朵，十分雅丽清秀；特别是在热带，开蓝花的乔木种类较罕见，所以蓝花楹实为一种难得的珍奇木本花卉。

　　蓝花楹可用于造纸。木粉初始白度较低，木素含量较高，溶剂抽出物含量与杨木等阔叶木相当。纤维短，基本密度较低。

　　木材黄白色至灰色质软而轻，纹理通直，加工容易，可作家具用材。

| 南非生命之树

南非的这棵2000年的古树，被命名为生命之树。

南非地处南半球，有"彩虹之国"之美誉，位于非洲大陆的最南端，陆地面积为1219090平方公里，其东、南、西三面被印度洋和大西洋环抱，西南

端的好望角航线，历来是世界上最繁忙的海上通道之一，有"西方海上生命线"之称。南非全年平均日照时数为7.5～9.5小时，尤以4、5月间日照最长，故又被称为"太阳之国"。

南非是非洲第二大经济体，国民拥有很高的生活水平，南非的经济相

比其他非洲国家是相对稳定的。南非财经、法律、通讯、能源、交通业发达，拥有完备的硬件基础设施和股票交易市场，黄金、钻石生产量均占世界首位。深井采矿等技术居于世界领先地位。在国际事务中南非已被确定为一个中等强国，并保持显著的地区影响力。

（宋牡馨）

马达加斯加

● 马达加斯加皇家凤凰木

马达加斯加共和国（The Republic of Madagascar），通称马达加斯加，非洲岛国，为非洲第一、世界第四大的岛屿，位于印度洋西部，隔莫桑比克海峡与非洲大陆相望，全岛由火山岩构成。

国花：凤凰木。国树：旅人蕉。国鸟：盔鵙。

马达加斯加皇家凤凰木

凤凰木，俗称火形树或火焰树，皇家凤凰木是一种世界上最美丽的开花树。原产于马达加斯加和其他热带地区，如同火焰展示非凡的春天颜色。

凤凰木也是非洲马达加斯加共和国的国树，也是厦门市、台南市、攀枝花市的市树，汕头市的市花，民国时期湛江市的市花，还是汕头大学、厦门大学的校花。

（阮恭琴）

最美古树名木
国外之贵

知识链接

凤凰木：取名于"叶如飞凰之羽，花若丹凤之冠"，别名金凤花、红花楹树、火树、洋楹等。豆科，落叶乔木，高可达20米。树冠宽广。二回羽状复叶，小叶长椭圆形。夏季开花，总状花序，花大，红色，有光泽。荚果木质，长可达50厘米。凤凰木因鲜红或橙色的花朵配合鲜绿色的羽状复叶，被誉为世上最色彩鲜艳的树木之一。

凤凰木是非洲马达加斯加共和国的国树，也是厦门市、台湾台南市、四川攀枝花市的市树，广东省汕头市的市花，汕头大学、厦门大学的校花。

凤凰木植株高大，由于树冠横展而下垂，浓密阔大而招风，在热带地区担任遮阴树的角色。性喜高温、多日的环境，须在阳光充足处方能繁茂生长。分布于中国南部及西南部、原产地马达加斯加及世界各热带地方。

澳大利亚

澳大利亚（Australia），澳大利亚一词意即"南方大陆"，欧洲人在17世纪初叶发现这块大陆时，误以为是一块直通南极的陆地，故取名"澳大利亚"。澳大利亚四面环海，是世界上唯一一个国土覆盖整个大陆的国家，拥有很多自己特有的动植物和自然景观。

国花：金合欢。国树：桉树。

澳大利亚树梯

　　澳大利亚西南部潘伯顿（Pemberton）的国家公园的原始森林中，考里木树（Karri Tree）高达60～70米，是世界上第三高的树种。这里介绍的是一棵60米高的树，格洛斯特（Gloucester Tree）树梯，它曾经被作为监视森林火灾的瞭望塔而搭有盘梯和平台，现已作为旅游景观。

　　要到达树顶的唯一方式就是登上由钢条搭建而成的梯子。一步步踏在插进树干中的钢条上，用手攀爬着，身体的重量就仅依靠着一根钢条支撑，而没有任何的其他防护栏。能完成攀登固然不容易，从树顶下来这更需要极强的勇气才行。

（孙冰韵）

澳大利亚巨型汀格树

澳大利亚西部虽然土地贫瘠，但这里存在独特的巨型桉树森林。最令人印象深刻的是巨人谷，这里生长着一些世界上最大的树，其中就包括巨型红桉树。

事实上这不是一个真正的山谷，它属于美丽的沃尔普-诺那卢谱（Walpole-Nornalup）国家公园里原始森林的一部分。

当地最壮观的物种就是这棵红汀格树。这棵树是在沃尔普-诺那卢普国家公园的一片残留的古热带森林被发现。它很好地适应了当地条件（区域降雨量高达每年1300毫米和火灾频繁）。大火烧毁了树的树干，但幸存的外缘继续为树木保持水分和营养。这棵红汀格树在1937年和1951年经历了两次森

最美古树名木

国外之贵

林火灾。

　　这棵巨大的树很不寻常，已经被一个巨大的空洞基本占据了。这个空洞高约15米，是由森林火灾引起，后来经过虫害和真菌侵蚀又进一步扩大了。现在这个空心可以容纳100个人并且不会感到拥挤。它总是看起来可能在下次风暴中倒下，但是仍然奇迹般地一直竖立着。

（程双民）

知识链接

沃尔普-诺那卢普国家公园（Walpole-Nornalup National Park）：也译作沃泊尔-诺那鲁普国家公园，位于西澳洲珀斯以南355千米，建立于1957年，占地159平方千米，园中设有离地40米的树冠步道。

　　沃尔普-诺那卢普国家公园以巨型汀格树名闻遐迩，这些高耸的树林是沃尔普荒野的一部分，目前仍保持着最原始的状态，等待八方来客前来探索体验。沃尔普东部的巨人谷和树顶步道是著名景点。或许只有站到大树之下，才能真正明白到"巨人谷"名字的由来。长达600米的树顶步道坡度适中，适合所有年龄的游客，行动不便的人士也可乘坐轮椅体验。在距离地面40米的步道上，穿梭于高大的树冠之中，你一定会被周围的美丽景色所震撼。从树顶步道下来之后再走一段小路，你就可以来到远古帝国木板路，这里生长着很多古老的红色汀格树，高耸挺拔，巨大的树干周长可以达到20米。

288

附录一：

全国绿化委员会关于
进一步加强古树名木保护管理的意见

各省、自治区、直辖市绿化委员会，各有关部门（系统）绿化委员会，中国人民解放军、中国人民武装警察部队绿化委员会，内蒙古、吉林、龙江、大兴安岭森工（林业）集团公司，新疆生产建设兵团绿化委员会：

古树名木是自然界和前人留下来的珍贵遗产，是森林资源中的瑰宝，具有极其重要的历史、文化、生态、科研价值和较高的经济价值。为深入贯彻落实党的十八大关于建设生态文明的战略决策，不断挖掘古树名木的深层重要价值，充分发挥其独特的时代作用，现就进一步加强古树名木保护管理提出如下意见：

一、充分认识加强古树名木保护的重要性和紧迫性

（一）全面深刻认识保护古树名木的重要意义

古树是指树龄在100年以上的树木。名木是指具有重要历史、文化、景观与科学价值和具有重要纪念意义的树木。古树名木保存了弥足珍贵的物种资源，记录了大自然的历史变迁，传承了人类发展的历史文化，孕育了自然绝美的生态奇观，承载了广大人民群众的乡愁情思。加强古树名木保护，对于保护自然与社会发展历史，弘扬先进生态文化，推进生态文明和美丽中国建设具有十分重要的意义。

（二）加强古树名木保护管理刻不容缓

近年来，各地、各部门（系统）积极采取措施，组织开展资源调查，制

定法律法规，完善政策机制，落实管护责任，切实加强古树名木保护管理工作，取得了明显成效。但是，当前也还存在着认识不到位、保护意识不强、资源底数不清、资金投入不足、保护措施不力、管理手段单一等问题，擅自移植、盗伐盗卖等人为破坏现象时有发生，形势十分严峻，加强古树名木保护管理刻不容缓。各地、各部门（系统）绿化委员会要站在对历史负责、对人民负责、对自然生态负责的高度，充分认识保护古树名木的必要性和迫切性，切实采取有效措施，进一步强化古树名木保护管理。

二、指导思想、基本原则和总体目标

（三）指导思想

以邓小平理论、"三个代表"重要思想、科学发展观为指导，全面贯彻党的十八大和十八届三中、四中、五中全会精神，深入贯彻习近平总书记系列重要讲话精神，以实现古树名木资源有效保护为目标，坚持全面保护、依法管理、科学养护的方针，积极推进古树名木保护管理法治化建设，进一步落实古树名木管理和养护责任，不断加大投入力度，强化科技支撑，加强队伍建设，努力提高全社会保护意识，切实保护好每一棵古树名木，充分发挥古树名木在传承历史文化、弘扬生态文明中的独特作用，为推进绿色发展、建设美丽中国作出更大贡献。

（四）基本原则

坚持全面保护。古树名木是不可再生和复制的稀缺资源，是祖先留下的宝贵财富，必须做好全面普查，摸清资源状况，逐步将所有古树名木资源都纳入保护范围。

坚持依法保护。进一步加强古树名木保护立法，健全法规制度体系，依法管理，严格执法，着力提升法治化、规范化管理水平。

坚持政府主导。充分发挥地方各级人民政府和绿化委员会职能作用，逐步建立健全政府主导、绿化委员会组织领导、部门分工负责、社会广泛参与

的保护管理机制。

坚持属地管理。县级以上绿化委员会统一组织本行政区域内古树名木保护管理工作。县级以上林业、住房城乡建设（园林绿化）等部门要根据省级人民政府规定，分工负责，切实做好本行政区域广大乡村和城市规划区的古树名木保护管理工作。

坚持原地保护。古树名木应原地保护，严禁违法砍伐或者移植古树名木。要严格保护好古树名木的原生地生长环境，设立保护标志，完善保护设施。

坚持科学管护。积极组织开展古树名木保护管理科学研究，大力推广先进养护技术，建立健全技术标准体系，提高管护科技水平。坚持抢救复壮与日常管护并重，促进古树名木健康生长。

（五）工作目标

到2020年，完成第二次全国古树名木资源普查，形成详备完整的资源档案，建立全国统一的古树名木资源数据库；建成全国古树名木信息管理系统，初步实现古树名木网络化管理；建立古树名木定期普查与不定期调查相结合的资源清查制度，实现全国古树名木保护动态管理；逐步建立起国家与地方相结合的古树名木保护管理体系，初步实现古树名木保护系统化管理；建立比较完备的古树名木保护管理法律法规制度体系，逐步实现古树名木保护管理法治化；建立起比较完善的古树名木保护管理体制和责任机制，使古树名木都有部门管理、有人养护，实现全面保护；科技支撑进一步加强，初步建立起一支能满足古树名木保护工作需要的专业技术队伍；社会公众的古树名木保护意识显著提升，在全社会形成自觉保护古树名木的良好氛围。

三、古树名木保护管理工作的主要任务

（六）组织开展资源普查

全国绿化委员会每10年组织开展一次全国性古树名木资源普查。有条件的地方可根据工作实际需要，适时组织资源普查。在普查间隔期内，各地要

加强补充调查和日常监测，及时掌握资源变化情况。对新发现的古树名木资源，应及时登记建档予以保护。

（七）加强古树名木认定、登记、建档、公布和挂牌保护

各地要根据古树名木资源普查结果，及时开展古树名木认定、登记、建档、公布、挂牌等基础工作。在做好纸质档案收集整理归纳的基础上，充分利用现代信息技术手段，建立古树名木资源电子档案。

（八）建立健全管理制度

各地、各有关部门要按照国家有关法规、部门职责和属地管理的原则，进一步加强古树名木保护管理制度建设，明确古树名木管理部门，层层落实管理责任；探索划定古树名木保护红线，严禁破坏古树名木及其自然生境。在有关建设项目审批中应避让古树名木；对重点工程建设确实无法避让的，应科学制订移植保护方案实行移植异地保护，严格依照相关法规规定办理审批手续；对工程建设影响到古树名木保护的项目，项目主管部门要及时与古树名木行政主管部门签订临时保护责任书，落实建设单位和施工单位的保护责任。林业、住房城乡建设（园林绿化）部门要加强古树名木日常巡查巡视，发现问题及时妥善处理。要结合本地古树名木资源状况，制订防范古树名木自然灾害应急预案。

（九）全面落实管护责任

要按照属地管理原则和古树名木权属情况，落实古树名木管护责任单位或责任人，由县级林业、住房城乡建设（园林绿化）等绿化行政主管部门与管护责任单位或责任人签订责任书，明确相关权利和义务。管护责任单位和责任人应切实履行管护责任，保障古树名木正常生长。

（十）加强日常养护

古树名木保护行政主管部门要根据古树名木生长势、立地条件及存在的主要问题，制订科学的日常养护方案，督促指导责任单位和责任人认真实施相关养护措施，积极创造条件改善古树名木生长环境。及时排查树体倾倒、

腐朽、枯枝、病虫害等问题，并有针对性地采取保护措施；对易被雷击的高大、孤立古树名木，要及时采取防雷保护措施。

（十一）及时开展抢救复壮

对发现濒危的古树名木，要及时组织专业技术力量，采取切实可行的措施，尽力进行抢救。对长势衰弱的古树名木，要通过地上环境综合治理、地下土壤改良、有害生物防治、树洞防腐修补、树体支撑加固等措施，有步骤、有计划地开展复壮工作，逐步恢复其长势。

四、完善保障措施

（十二）完善法律法规体系

各地、各有关部门要认真贯彻实施《森林法》《环境保护法》《城市绿化条例》等法律法规中关于古树名木保护管理的相关规定，加快推进古树名木保护管理立法工作，将实践证明行之有效的经验和好的做法及时上升为法律法规，加强古树名木保护地方性法规、规章、制度的制修订，进一步健全完善法律法规制度体系，努力提高依法行政、依法治理的能力和水平。

（十三）加大执法力度

各地、各有关部门要依法依规履行保护管理职能，依法严厉打击盗砍盗伐和非法采挖、运输、移植、损害等破坏古树名木的违法行为。各有关部门要加强沟通协调，对破坏和非法采挖倒卖古树名木等行为，坚决依法依规，从严查处；对构成犯罪的，依法追究刑事责任。

（十四）加大资金投入

各地、各有关部门要加大资金投入力度，积极支持古树名木普查、鉴定、建档、挂牌、日常养护、复壮、抢救、保护设施建设以及科研、培训、宣传、表彰奖励等资金需求。拓宽资金投入渠道，将古树名木保护管理纳入全民义务植树尽责形式，鼓励社会各界、基金、社团组织和个人通过认捐、认养等多种形式参与古树名木保护。积极探索建立非国家所有的古树名木保

最美古树名木

国外之贵

护补偿机制。

（十五）强化科技支撑

要加大对古树名木保护管理科学技术研究的支持力度，组织开展保护技术攻关，大力推广应用先进养护技术，提高保护成效。研究制定古树名木资源普查、鉴定评估、养护管理、抢救复壮等技术规范，建立健全完善的古树名木保护管理技术规范体系。成立古树名木保护管理专家咨询委员会，为古树名木保护管理提供科学咨询和技术支持。

（十六）加强专业队伍建设

各地、各部门（系统）要加强古树名木保护管理从业人员专业技术培训，培养造就一批高素质的管理和专业技术人才队伍。组织开展管护责任单位、责任人的培训教育，提高管护水平，增强管护责任意识。

五、加强组织领导

（十七）切实加强领导

地方各级人民政府要高度重视，切实加强领导，将古树名木保护管理作为生态文明建设的重要内容，纳入经济社会发展规划；要将古树名木保护管理列入地方政府重要议事日程，编制古树名木保护规划并认真组织实施，及时研究解决古树名木保护工作中的重大问题，定期组织开展资源普查，向社会公布古树名木保护名录，设置保护设施和保护标志；要建立和完善古树名木保护工作目标责任制和责任追究制度。地方各级绿化委员会要加强组织领导和协调，统筹推进古树名木保护管理工作。地方各级林业、住房城乡建设（园林绿化）等绿化行政主管部门要制订年度工作计划，明确目标，落实责任，强化举措，扎实推进古树名木保护管理工作。其他相关部门要加强协作，形成合力，协同推进古树名木保护管理工作。乡镇、村屯等基层组织要按照属地管理的原则，落实管护责任，做到守土有责，确保古树名木安全、正常生长。

（十八）强化督促检查

地方各级绿化委员会要进一步加强古树名木保护工作的统筹协调和检查督促指导。全国绿化委员会办公室会同有关部门每2年组织开展一次古树名木保护工作落实情况督促检查，对古树名木保护工作突出、成效明显的，予以通报表扬；对保护工作不力的，责成立即整改；对发现违规移植古树名木的，不得参加生态保护和建设方面的各项评比表彰，已经获取相关奖项或称号的，一律予以取消。要建立古树名木保护定期通报制度、专家咨询制度及公众和舆论监督机制，推进古树名木保护工作科学化、民主化。

（十九）加大宣传力度

各地、各部门（系统）要将古树名木作为推进生态文明建设的重要载体，加大宣传教育力度，弘扬生态文明理念，提高全社会生态保护意识。要充分利用网络、电视、电台、报刊及各类新媒体，大力宣传保护古树名木的重要意义，宣传古树名木文化，不断增强社会各界和广大公众保护古树名木的自觉性。及时向社会发布古树名木保护信息，组织开展形式多样的专题宣传活动，组织编写发放通俗易懂、群众喜闻乐见的科普宣传资料，提高宣传成效。

全国绿化委员会

2016 年 2 月 2 日

最美古树名木

国外之贵

附录二：

中国林业网　国家生态网　美丽中国网 关于举办"寻找'最美古树名木'" 第三届"美丽中国"大赛的通知

　　我国是历史悠久的文明大国。在这几千年历史长河中，高大的城垣早已不复存在，固有的地貌也已焕然一新，唯有古树名木依然屹立不倒，见证着历史变迁，记录着文明兴衰。为弘扬生态文化，关注古树名木，经研究，决定在前两届"美丽中国"大赛成功举办的基础上，以中国林业网、国家生态网、美丽中国网为平台，开展"寻找'最美古树名木'"第三届"美丽中国"大赛。现将有关事项通知如下：

一、大赛组织

　　（一）大赛主题

　　弘扬生态文化 关注古树名木 建设美丽中国

　　（二）组织机构

　　该活动由中国林业网、国家生态网、美丽中国网主办，中国林业网各省级林业子站承办，共同负责活动组织、作品征集和展示评奖等工作。

　　（三）时间安排

　　作品征集时间：2015年8月1日～12月31日

　　作品初评时间：2016年1月1日～1月15日

　　作品复评时间：2016年1月16日～1月31日

（四）举办形式

本届大赛共分为古树之冠、名木之秀、异木之奇、世界之贵四大类。基本条件是："古树之冠"介绍我国树龄在100年以上，具有树龄最长、树身最高、树干最粗等特点的树木；"名木之秀"介绍我国具有重要历史价值、纪念意义的树木；"异木之奇"介绍我国各种形态奇特、生长或者功能异常的树木；"世界之贵"介绍世界各国珍贵、重要的树木。中国林业网主站为主赛区，各省级林业子站为分赛区。

二、作品参赛要求

（一）作品内容要求。作品应围绕古树名木，通过文字、摄影、视频等形式，介绍古树名木地理位置、树龄、树高等基本信息，描述古树名木的历史背景、动人故事，展示古树名木的高大挺拔、优美苍劲。

（二）作品格式要求。参赛作品应包含文字、照片，如有视频可适当加分。文字：以客观事实的准确描述为主，语言优美、用词精炼，字数1000字左右。照片：作品电子文件大小在3～5MB，谢绝电脑合成照片。视频：作品时长在3～5分钟，作品要求画面清晰，格式为Mp4。

（三）各参赛作品需注明投稿种类，标题字数不超过20个汉字。所有作品内容必须真实、科学，与实际情况一致。如作品内容明显与实际不符，主办方有权取消其参赛资格。

（四）参赛作品必须为自己独立完成或合作完成的作品，不得侵犯他人著作权，如有侵权现象将取消参赛资格，并由参赛者承担所有法律责任。合作完成的作品，需注明各合作者。参赛作品的版权归作者和主办单位所有。

（五）参赛者不受年龄、地域、国籍等限制，个人、单位、团体均可参加。

（六）所有参赛选手需填写《第三届"美丽中国"大赛参赛作品登记表》，并将登记表扫描件与作品一起通过电子邮件发送。

（七）主办单位对以上条款拥有解释权，凡参赛人员均视为接受本条款。

三、评奖安排

（一）奖项设置。每个类别设置一等奖3名，二等奖5名，三等奖7名，优秀奖若干名。

（二）评奖方式。由各分赛区进行初评，选出若干优秀作品报送主赛区进入复评，主赛区组织专家评出最终结果。

（三）大赛奖励。本次大赛奖金（奖品）和所有证书及作品集由主赛区提供和颁发。

四、作品提交方式及要求

作品采用网络投稿，投稿截止日期为2015年12月31日。以电子邮件发送日期为准，对延期送达的作品主办方不予接收。参赛作品可选择向主赛区或分赛区投稿，不可重复投稿，各分赛区投稿信息见中国林业网各省级林业子站首页，主赛区投稿信息如下：

联系人：国家林业局信息办网站处 谢宁波 赵瑄

联系电话：010-84238313

电子邮箱：wzc@forestry.gov.cn

附件：第三届"美丽中国"大赛参赛作品登记表（略）

2015年7月31日

附录三:

中国林业网　国家生态网　美丽中国网
关于"寻找'最美古树名木'"
第三届"美丽中国"大赛有关事宜的通知

由中国林业网发起的寻找"最美古树名木"第三届美丽中国作品大赛,自2015年8月开始征集作品以来,收到了众多优秀作品,得到了社会各界的广泛关注和支持。大赛作品通过中国林业网专题进行集中展示,让广大公众足不出户即可领略全国乃至世界各地古树名木,增强生态文明意识。为进一步充分展现各地古树名木保护成果,应广大公众的要求和呼吁,经认真研究,决定延长第三届美丽中国作品大赛时间。现将具体时间调整如下:

作品征集截止时间:2016年5月31日

作品初评时间:2016年6月1日～6月15日

作品复评时间:2016年6月16日～6月30日

本次大赛作品采用网络投稿,相关事项请继续按照《中国林业网、国家生态网、美丽中国网关于举办"寻找'最美古树名木'"第二届"美丽中国"大赛的通知》要求执行。

联系人:国家林业局信息办　谢宁波　成诚

联系电话:010-84238313　84239671

电子邮箱:wzc@forestry.gov.cn

附件:第三届"美丽中国"作品大赛参赛登记表(略)

2016年1月20日

附录四：

"最美古树名木"已
"寻找"1000多株

　　中国林业网2月24日讯　　"寻找最美古树名木"大赛得到了社会各界的广泛支持和关注，各行各业的个人和团体都踊跃投稿。自2015年8月开始征集作品以来，已收到符合要求的参赛作品逾1000幅。扎根各地的古树名木在中国林业网同聚一堂，展示独特风采，共叙华夏文明。每一幅作品都是一段历史，述说一方水土的时代变迁，枝丫脉络间流淌的传说，见证一代代中国人的悲欢离合。时光流转，古树的挺拔不屈已经深深融入华夏民族精神，古老的中国人在这片树荫下成长，走出中国，迈向世界，但不管身至何方，他们的根永远在这片树荫下，在这片肥沃而神奇的土地里。

　　优秀作品纷纷涌现的同时，作品背后的故事更让人感动：河南的冯振德老先生向本届大赛投稿百余幅。他为弘扬孝道文化，成立了"中国梦、华夏根"全国千年古树名木著书编辑部，以全国千年古树为载体，以树喻理，以树喻人，自2013年始行程20多万千米，途径全国30个省（区、市），拍摄并录制了全国古树名木500多棵。他们坚定的步伐战胜了旅途中的颠簸艰苦，他们的艰辛付出为后人留下了一份沉淀的精神食粮。

　　"寻找最美古树名木"第三届美丽中国大赛由中国林业网发起，旨在弘扬生态文化，引导公众关注古树名木，共建美丽中国。本届大赛共分为古树之冠、名木之秀、异木之奇、世界之贵四大参赛类别。其中"古树之冠"征集我国树龄在100年以上，具有树龄最长、树身最高、树干最粗等特点的树木；"名木之秀"征集我国具有重要历史价值、纪念意义的树木；"异木

之奇"征集我国各种形态奇特、生长或者功能异常的树木;"世界之贵"征集世界各国珍贵、重要的树木。通过四大类别树木全面展示各地古树名木保护成果,引领公众认识身边的古树名木,积极参与古树名木保护活动。

　　第三届美丽中国大赛作品征集时间将于2016年5月31日截止,请拿起照相机,在春暖花开的季节走出家门,寻找您身边的古树名木,记录并讲述一段美丽的传说,我们在这里等您。

（中国林业网　2016年2月24日）

最美古树名木
国外之贵

附录五：

2000多棵古树名木共聚中国林业网

中国林业网4月14日讯　随着春天的到来，绿意染遍大江南北，古树焕发勃勃生机，吸引游人驻足观赏，"寻找最美古树名木"第三届美丽中国大赛也迎来了又一个投稿高峰期，截至目前已收到来自社会各界来稿近1400篇，涉及古树名木2000多棵。

春风似剪，再一次唤醒这些古老的历史见证者。脱去了冬的萧索，它们舒展枝杈释放春的气息，以亘古不变的方式在新的四季轮回里重新启程，守护一方水土，荫庇一方百姓。"行人不见树少时，树见行人几番老"，它们既是中华民族祖先艰苦创业的见证者，也是当代中华儿女重拾辉煌、实现中国梦的记录者，古老生命在新时代拥有了新意义。今天，全国各地的古树名木在中国林业网共聚一堂，既是对各地林业工作者保护古树成果的集中展示，也是新时代对于古老生命的全新阐释。

"莫言生意尽，更引百年枝"。古老不意味着衰老，而是代表着底蕴。古树强大的生命力在新时代里，在一代代林业工作者的精心呵护下，将感染更多新生的中国人追随先辈的步伐，为实现中华民族的伟大复兴奋勇前进！

第三届美丽中国大赛截稿日期将近，如果您身边也有古树名木，请拍下它们的身姿，带着动人的故事，来到中国林业网，您的作品不仅是一份影像资料，更是一份精神传承。

（中国林业网　2016年4月14日）

附录六:

五大洲古树名木亮相中国林业网

中国林业网4月19日讯　"寻找最美古树名木"第三届美丽中国大赛自开始征稿以来,受到社会各界的广泛关注和踊跃投稿。本届大赛作品涉及古树分布的广度之大,寿命的跨度之长,树种之丰富,群落数量之多在同类比赛中实属首次。不仅汇聚了我国大江南北众多珍贵树种,更有散布于世界五大洲的古树异木亮相中国林业网。

数千年来,这些古老的守望者驻守自己的一方水土,见证了多少文明的兴衰。不同的气候条件塑造了它们迥异的模样,千年的雨雪风霜磨砺出它们不一样的沧桑,它们共同记录着人类生活环境的变迁,却从未有过任何交集。如今,在现实世界远隔万里的古老生灵相聚中国林业网,成为了网络地球村的"乡里乡亲"。

如果您拍摄过世界各地的古树名木,不论您是外国友人抑或是有国外游历的经历,请将您的作品发送至中国林业网,与国人分享您的见闻,让更多的外国古树走进中国,为东西方古树文化的交流贡献一份力量。

（中国林业网　2016年4月19日）

附录七：

第三届"美丽中国"作品大赛
评选结果揭晓

近日，由中国林业网、国家生态网、美丽中国网共同主办的"寻找'最美古树名木'"——第三届"美丽中国"作品大赛评选结果正式揭晓（http://www.forestry.gov.cn/portal/main/zhuanti/201508mlzg/hjzuop/zt.html）。通过初评、复评两轮评选，从大赛"古树之冠""异木之奇""名木之秀""世界之贵"四大类作品中，各评选出一等奖3篇、二等奖5篇、三等奖7篇以及优秀奖35篇。同时，为感谢各参赛作者和单位对本届大赛的支持和鼓励，特评选出2位特殊贡献奖、5家优秀报送单位。

获奖名单如下：

古树之冠类

◎一等奖作品

《天下银杏第一树》《天下第一杉》《千年枣树王》

◎二等奖作品

《2800年紫杉王》《华中第一楠》《长白山红松王》

《神农架铁坚杉王》《章台古梅》

◎三等奖作品

《福建樟树王》《千年青檀树》《五百年杨树王》《千年桂花王》《随州千年古银杏》《紫薇王》《百年葡萄树》

◎优秀奖作品

《世界旱莲王》《晋祠周柏》《"修行"千年古银杏》《荆柴王》《甬上有嘉木》《诸暨赵家香榧王》《申城树王》《阿里山神木》《三晋第一槐》《秦岭玉兰王》《铜城国槐王》《巍巍枣树王》《鹿邑千年白果树》《剑阁柏》《天下第一槐》《太平铺苦槠》《历经沧桑古栎树》《杨梅苦槠王》《安徽板栗王》《九头龙树王》《天台国清寺梅》、《香巴拉神树》《全国檫木王》《最美古榆路》《福建檫树王》《桐庐樟树王》《福建罗汉松王》《核桃王》《庙川白皮松》《紫杉王夫妻树》《洛南页山古柏》《江北玉兰王》《楠木王》《固新古槐》《榆大将军》

名木之秀类

◎一等奖作品

《黄帝手植柏》《唐太宗手植古银杏》《天坛古柏群》

◎二等奖作品

《公冶长书院银杏树》《橡胶母树》《风吹古木晴天雨》《娑罗古树》《宁夏左公柳》

◎三等奖作品

《伟哉焦桐》《大孤山千年银杏树》《水杉1号》《中国杉王》《拴马藤》《红军树》《巍巍将军松》

◎优秀奖作品

《老子手植银杏》《仓颉手植柏》《二将军柏》《迎客松》《珙桐树"1"号》《千年古榆沧桑》《扶沟支亭寺千年古槐》《"九搂十八杈"古柏》《阳台宫古树》《扁鹊手植银杏》《故宫英华殿"菩提树"》《贡园古荔树群》《最美古红豆》《敦煌周公树》《晴川历历汉阳树》《岱庙中轴古柏之谜》《长苞铁杉古树群》《千年古银杏》《邳州古栗园》《钓鱼台四唐柏》《千年罗汉松》《开鲁大榆树》《江南第一牡丹》《千年唐槐》《贵妃

荔枝》《立碑保护的千年古樟》《杭州北美红杉》《犍为古榕王》《五死一生核桃树》《圈圈年轮记载千年世事变迁》《神农炎帝故里银杏王》《白马寨鹅耳枥》《缅茄树》《超山优雅唐宋梅》《刺榆》

异木之奇类

◎一等奖作品

《天龙山蟠龙松》《塔树相依》《九子抱母》

◎二等奖作品

《塔林一绝》《中华版图柏》《华夏榕树王》《五谷树》《白云寺铁锅槐》

◎三等奖作品

《树驮桥》《九龙井原始櫟木林群落》《中华慈母树》《重庆树王黄桷门》《最神奇的古树圆柏》《华北第一奇松——盘龙松》《震劈不衰柳》

◎优秀奖作品

《神奇紫荆树》《九龙蟠杨》《交城凤凰松》《交城文武柏》《八子绕母发新芽》《蒲家山八爷树》《凤凰展翅》《戒台寺十大名松》《三道营村九龙松》《观音榕》《芒市树包塔》《景山槐中槐》《重阳木身上长朴树》《千年不倒的罗汉松》《树抱石》《延寿寺盘龙松与凤凰松》《赵家卧龙柏》《艾曲河千年古槐》《贾家河小叶杨》《舞斗》《神堂峪五角枫》《千年银杏生异子》《独木成林》《毕拉河怪松林》《大佛寺银杏》《天仙河岸古柳》《九龙神榆》《"睡美人"柳树》《福建榕树王》《牛头榆》《仙钉神播柏》《千年银杏抱桑槐》《孔庙"罗汉柏"》《南响堂寺槐抱柏》《太鹏鲸柏》

世界之贵类

◎一等奖作品

《南非6000年树龄猴面包树》《英国罗宾汉"大橡树"》《墨西哥图勒树》

◎二等奖作品

《英国伦敦"古森林"》《法国百年橡树里藏着小教堂》《希腊Vouves橄榄树》《波兰鲍尔泰克橡树》《塞拉利昂弗里敦木棉》

◎三等奖作品

《美国吊灯树》《日本巨柳杉》《英国利郎格尼维紫杉》《伊朗塞意阿巴库树》《智利山达木树》《美国谢尔曼将军树》《美国怡和杜松》

特殊贡献奖

冯振德　"中国梦、华夏根"全国千年古树编辑部
邓金阳　美国西弗吉尼亚大学

优秀报送单位

国家林业局森林公安局、北京市园林绿化局、浙江省林业厅、福建省林业厅、湖南省林业厅

据悉，大赛获奖作品将集结成册出版。大赛主办方希望通过此举，进一步增强公众对古树名木的保护意识和责任感，加大对古树名木的保护力度，弘扬生态文化。

（刘　泉　中国林业网　2016年11月21日）

附录八：

寻找"最美古树名木"
国内参赛作品目录

（按作者姓名首字母排序）

作　者	参赛作品	作　者	参赛作品
安徽省淮北市林业局	临涣镇沈圩香山庙"隋槐"	北京市园林绿化局	纪晓岚故居海棠
	百善镇百善集"唐槐"		老舍故居里的柿子树
	宋疃镇太山村古槐树		鲁迅家的丁香和黄刺玫
	相山庙青檀		宋庆龄故居明开夜合
	相山人民路臭椿		潭柘寺的西山娑罗树
	塔山村楸树		杨昌济故居枣树
	铁佛镇曹楼银杏		宋庆龄故居明开夜合
	相山庙圆柏		鲁迅手植丁香和黄刺玫
	百善镇孙庄榔榆		大觉寺古玉兰
	石台镇梧北小学女贞		纪晓岚故居海棠
白俊元	连理树		纪晓岚故居紫藤
北京市园林绿化局	北京花市的酸枣王		鹫峰秀峰寺古松
	大觉寺里赏古玉兰		故宫古华轩楸树
	大兴双塔寺古银杏		景山罪槐
	法源寺古丁香		李自成拴马树
	故宫九莲菩提树		密云冯家峪指挥树
	红螺寺御竹林		法源寺古丁香

作　者	参赛作品	作　者	参赛作品
北京市园林绿化局	西山娑罗树	北京市园林绿化局	圆明园国难树
	国子监触奸柏		柏上桑
	西单枣树王		延庆柏树王
	故宫御花园连理柏		郭沫若故居妈妈树
	故宫御花园灵柏		一母抱九子
	故宫九莲菩提树		紫藤寄松
	红螺寺御竹林		紫藤抱槐
	房山十字寺古银杏		古长城岔道槐
	戒台寺抱塔松		鼠李寄柏
	北海团城白袍将军和遮荫侯		辽槐
	花市枣苑酸枣王		九龙松
	文天祥祠古枣		自在松
	大兴双塔寺古银杏		天坛九龙柏
	密云巨各庄银杏王		石景山古银杏
	昌平古青檀		香山迎客松
	九搂十八杈		密云范公柏
	延庆朝阳寺硅化木		顺义古银杏
	帝王树		宋庆龄故居凤凰槐
	配王树		关沟大神木
	盘龙松		介字柏
	孙中山扶植柏		通州元槐
	怀柔山西移民纪念树		陶然亭慈悲庵古槐

最美古树名木
国外之贵

作　者	参赛作品
北京市园林绿化局	西峰寺古银杏
	歪脖槐
	大兴黄村镇枣树王
	寿槐
	鹿形柏
	慕田峪迎宾松
	登天柏
	延庆盘龙松
	怀柔柏崖厂汉槐
	听法松
	朱棣手植柏
	凤凰松
	石上松
	大觉寺银杏王
	槐抱椿
	密云燕落寨槐抱榆
	槐柏合抱
	卧龙松
	活动松
	中山辽柏
	上方山柏树王
	北海唐槐

作　者	参赛作品
毕继东	雌雄古银杏树
毕建平	交城凤凰松
	交城玄中寺"千手观音柏"
曹春芳	九龙松
	卧龙松
	抱塔松
	凤尾松
	自在松
	莲花松
	菊花松
	龙凤松
	活动松
	百年雌雄同株银杏树
	庞泉沟九龙松
	交城文武柏
	交城三结义松组
曹妮亚	黄龙溪古镇王爷坎上黄葛树的传说
曹同国	毕拉河达尔滨湖国家森林公园怪松林
曹　曦	千年古银杏，静守唐家河
曹小龙	左公柳
曹雄波	"浓缩才是精华"－银杏

作 者	参赛作品
曹雄波	"文星"——古樟树
	"狗果"你见过这么大的吗
	"睡美人"—柳树
曾佳佳	车尔营村迎客松——古油松
	能辨忠奸的"触奸柏"
曾圣海	独木成林·天龙落地
曾宪华	千年夫妻树：重阳木
	华夏之最：中国杉王
	袖珍森林：九龙井原始櫧木林群落
曾宪华 贾跃平	浪石寺旁一古樟
柴茂林	仙霞迎客松
陈 妃	桃花岭上七仙女 只恋凡间不羡仙
陈红霞 马海燕 吴保红	扶沟支亭寺千年古槐
陈建玲	陕西商南马蹄点神树——古枫杨
陈建源	古榕纳凉
陈建源	悬崖古樟
陈建源	樟抱榕古树
陈 琳 张希有	玉山香榧

作 者	参赛作品
陈 庆	独木成林——高山榕
	一手遮天——高山榕
陈仁鹏 郑学文	公冶长书院银杏树
陈思侠	左公柳
陈 涛	磻溪宫银杏
	兴国寺银杏
	九平沟油松
	庙川白皮松
陈 涛	周公庙唐柏
	钓鱼台四唐柏
	张载论道柏
	赵家卧龙柏
	张载手植柏
	青峰峡红豆杉
	东湖左公柳
	东湖林则徐手植柳
	渠头百鸟树
	太安黑弹朴
	各河口桑树
	刘家塬召伯甘棠
	南指挥皂角
	官村槐树

最美古树名木
国外之贵

作　者	参赛作品	作　者	参赛作品
陈涛	酒铺槐抱松	程强	大兴沟林业有限公司千年野生东北红豆杉
	亭子头龙爪槐	淳绿薇	淳安汾口"老神树"罗汉松
陈献吉	富川有株"楠木王"（文并图）	崔彩霞	千年古榆 仙风道骨
	富川有株"桥树"（文并图）	邓兵	南惹红豆杉 五百春秋载
陈献吉 廖成亮	富川村屯有"四株"珍贵的名木古树王	邓仁湘	国宝银杉
陈星高	宋代古木"太公树"		异树结苞成奇形，活现人体下半身
陈秀梅	西塔"大头"银白杨不怕雷劈了		"情侣树"
	道士栽植的古树——家桑		红豆杉王
	宁夏第一槐——滚钟口国槐		千年古银杏与农家
陈远鸿	探访重庆北碚金刀峡的那一片古银杏林		千年银杏树，儿孙满堂围
陈远惠	云华山佛光		呵护
陈樟华 胡忠明	"梦里"的红豆杉		山之魂
	严村村"南方红豆杉王"轶事		连理枝
陈振	湖北省神农架铁坚杉王		刺猬树
	中国千年银杏树		石上圣树
	天下第一杉		结银子的书
	晴川历历汉阳树	丁波澜	来自远古的问候 箬坑村红豆杉古树
程建春	金色乐园	丁琦	太平镇长山古榆
	守望乡村		长春市双阳区太平镇长山古榆
	夫子遗韵	丁延平	淳化县马家镇酒店村槐树王的传说

作　者	参赛作品
丁延平	淳化县桃渠塬古槐下领袖曾留影
	淳化县石桥镇邓家咀村槐抱李的传说
丁再亮	神农炎帝故里银杏王
窦永锋	西狭曲水荡明珠
杜芳芝	千年古树王
范　彬 赵明强	兄弟大榆树
方传波	千年古樟饱经沧桑，风采依旧
	立碑专门保护的千年古樟
	雄村："宝树"灰楸
	雄村："五子登科"古樟
方骏龙	千年银杏映灵峰
方学军 方东艳 王荃芷	国有临湘市白石园林场三株古榔榆树
	临湘市横铺乡旧李村古漆树王
	临湘市江南镇盛塘村古梨树王
	临湘市聂市镇荆圣村古树群
方学军 方东艳 王荃芷	临湘市儒溪镇东冶村古香樟树王
	临湘市羊楼司镇梅池村古银杏树王
	临湘市桃林镇三合村女贞树

作　者	参赛作品
方院新	（江南楠木王组照）茶盘洲江南楠木王：客家人世代守护的至宝
冯振德	安徽第一樟
	安徽五叉樟
	北京中山陵 古柏群
	仓颉手植柏
	登封君召乡皂荚树
	登封中岳庙
	丁木大仙树
	甘肃槐树、楸树
	巩义市古槐树
	巩义月洞柏根
	广西樟树
	贵州古树群
	河北槐树王
	河北榆树王
	河南省伊川古树
	湖北对节白蜡树
	吉林三胎松
	江苏古银杏
	江苏司徒庙古柏
	金门榕树

最美古树名木
国外之贵

作　者	参赛作品	作　者	参赛作品
冯振德	雷家沟	冯振德	澳门榕树
	辽宁扶桑		北京槐柏合抱
	宁夏白杨树		北京市抱塔松
	青海花叶白海棠		福建厦门樟树
	山东汉柏		福建武夷山古香樟
	石道乡关子岭村		福建朱熹故里樟树
	四川剑阁县剑门御柏古道		甘肃槐王
	嵩阳书院将军柏		甘肃楸树
	唐庄古树		甘肃双槐抱柏
	天津松树王		关东第一柏
	新疆核桃王		广东省古榆树
	新疆胡杨王		广东省慧能手植菩提树
	新疆柳树王		广东水上榕树
	偃师缑氏镇槐树		广西千年榕树
	伊川市吕店苏沟小学门前奇根皂角树		广西三江县榕树
	伊川市鸦岭乡栗村500年皂角树		广西枫树桥
	荥阳上街黄连		贵州黄葛榕
	颍阳古槐		贵州金弹子树
	重庆市情人鸳鸯树		贵州银杏山庄
	重阳木		国宝红松
	浙江红豆杉		河北赤城榆树
	安徽古香樟		河北古柏

314

作　者	参赛作品
冯振德	河北桑树王
	黑龙江榆树群
	湖北木莲树
	湖北省楛树
	湖南连理树
	湖南省黄巢拴马树
	湖南银杏
	江苏罗汉松
	江苏唐槐
	江苏惠济寺银杏
	江西省红豆杉
	江西省香榧
	江西文化古树
	辽宁雷锋树
	六朝松
	内蒙古通辽古柳树
	内蒙古油松王
	青檀
	山东国槐
	山东省定林寺银杏
	山西侧柏
	山西洪岩松

作　者	参赛作品
冯振德	山西狮头槐
	陕西古柏
	陕西胡槐王
	陕西中华银杏王
	上海罗汉松
	上海香樟树
	上海银杏
	神树松
	四川省迎龙寺榕树
	四川十二生肖树
	天津千年银杏
	天津市蟠龙松
	天津唐槐
	香港铁刀木树
	香港细叶榕树
	香港柚木
	彬树
	茶树王
	倒八怪柳王
	银杏
	樟树
	榕树

作 者	参赛作品
	广西樟树
	滑桃树
	静禅古树
	柳树
	蒲桃树王
	千年核桃王
	擎天树
	榕树王
	桑王
	山茶树
	山玉兰树
冯振德	杉树
	柏树王
	松树王
	酸豆树
	五指神松
	蚬树
	亚洲榕树王
	银杏
	榆树
	榕树
	和谐家园

作 者	参赛作品
冯振德	科尔沁沙地古树"刺榆"
付连池	山东临清 奇树五样松
付文怡	翁牛特旗百年古柏
甘 肃 康 县 林业局	姚山白皮松
	长沟连香
	蒲家山八爷树
	许家沟红豆杉
	寺台张飞柏
甘肃省 林业厅	千年银杏生异子
	白龙江的冷杉王
	千年巨型铁坚油杉
	白龙江的云杉王
	贵青山紫果云杉王
	庭院青杆之最
	冠幅最大的油松
	秦安文庙古柏
	古灵台后"柏抱桑"
	龙泉寺古柏奇观
	玉琼洁绝双玉兰
	康县楠木王
	木梨古树
	三代同根的皂角树

作　者	参赛作品	作　者	参赛作品
甘肃省林业厅	华夏名槐—铜城国槐王	甘肃省林业厅	合水酸枣王
	唐槐孕柏奇观		罕见的柿树王
	什川古槐		金城花椒王
	环县胡家嘴国槐		金城臭椿之最
	关帝古庙千年槐		鬼斧神工文冠果
	百里千年槐		巨型黄连木
	五泉高寿银白杨		康县七叶树
	傲然挺立的孟家岭毛白杨		陇东古唐楸
	迭部县电尕乡拉路村古小叶杨		隍庙古柏
	"杨龙"河中吸水的稀世奇观	甘志强	四川彭州葛仙山千年古银杏1、2
	锁阳遗城有唐柳	高均凯张坤峰	伟哉焦桐
	稀世独有积石柳	高　云	章台古梅
	成县栓皮栎王	龚景萧	山达木树
	成县刺叶栎王（铁橡树）	巩双印	龙爪槐
	康县核桃之最		百年香椿溢清香
	徽县新发现的珊瑚朴	古树名木故事	香山红叶
	古朴苍劲的大羌白榆		天坛九龙柏
	天水怪柳寿星		景山"罪槐"
	金城怪柳之冠		槐柏合抱
	陇南有茶树王		菜树奶奶
	金城沙枣之最		白袍将军
	沙窝里的枣树王		

最美古树名木

国外之贵

作　　者	参赛作品
古 名 故　树 木 事	北京密云银杏王
	佛祖喜欢树曰楸
	邓小平手植树
	帝王树
	法源寺古丁香
	配王树
	大觉古寺赏玉兰
	父子榆树王
	凤凰树下栖凤凰
	乾隆较真娑罗树
	乾隆亲题卧龙松
	乾隆钟情北海唐槐
	古西府海棠
	红螺寺御竹林
	京城青檀称唯一
	古文冠果
	槐抱榆怀中有余
	纪晓岚院中海棠
	戒台五松
	金镶玉竹
	九搂十八杈
	玉镶金竹

作　　者	参赛作品
古 名 故　树 木 事	古楸不可移
	这是中国的宝贝
	孔庙除奸柏
	鹿形柏
	纳兰绝笔夜合花
	密云指挥树
	故宫九莲菩提树
	清翰林院小叶朴
	太庙何处帝王柏
	双塔寺古银杏
	歪脖槐
	庭前十丈紫藤花
	香山听法松
	文丞相祠古枣树
	秀峰寺盘龙松
	与教结缘古银杏
	延寿寺盘龙松
	郭沫若与银杏树
	延寿寺凤凰松
	圆明园毛白杨
	枣树也成伟人媒
	遮荫侯

318

作 者	参赛作品
古树名木故事	老舍手植柿树
	吉林北山恐龙榆
	瞻榆镇瞻古榆
	创业但见红山楂
	娇小玲珑可怜松
	图腾柳树王
	色木械王似晚霞
	吓退日军的赤松王
	乾隆御赐将军松
	千年蟠龙松
	借问龙种是谁栽
	乾隆诗赋蟠龙松
	独乐寺树独古柏
	榆树非凡天增寺
	公主陪嫁牡丹
	万古秦柏
	蟠龙松
	圣母坐骑卧牛榆
	新绛五色槐花
	闯王吊打槐
	兴唐寺庙兴唐松
	一株松封五大夫松

作 者	参赛作品
古树名木故事	降雪何缘太清宫
	九顶松
	洞槐望月
	蛟龙探颈吸水松
	流苏树王
	救命果栗子王
	匡衡引得醉人坡
	抗日信号柏
	罗成拴马枣树
	李真人哲玄手植榆
	七仙媒公老槐树
	恋乡黑弹树王
	山东棠梨第一树
	千岁鸳鸯檀
	唐楸添异孙
	圣槐可抵万千兵
	唐玄奘摩顶松
	修盟树
	古槐见证大屠杀
	曹操栓马柏
	崇礼寿星榆
	仙鹤籽成九龙松

最美古树名木

国外之贵

作　者	参赛作品	作　者	参赛作品
古树名木故事	天下第一槐	古树名木故事	树干全空枫杨王
	殪虎碑侧殪虎松		萧何手植桂花树
	争光得露洞中檀		松钟奇观
	"八戒"皂角树		张横渠与古柏
	赵匡胤栓马柏		唐代子母银杏树
	张良庙柏似虬龙		谁人妙手编辫柏
	夫妻银杏千年缘		报恩寺内谁植槐
	扶风卧牛柏		古杨见证红军事
	贵妃石榴皆西施		传说保得大黑桦
	"鸡爪树"下风云起		伏羲庙槐曾栖鹤
	枯木逢春而复生		敢信大圣娑罗种
	寇准门前植大槐		火炬柽柳
	老子系牛柏		刘家墩白榆
	临潼刘邦护王槐		龙泉古柏似青龙
	梁家庵救命树		麦积山孝子槐
	刘秀避险骑云松		七叶一树分公母
	洛南核桃王		明初枫杨仍盎然
	树包庙		秦琼马踢柏成半
	马嵬坡太上槐		秦州三柳
	唐僧捎带娑罗树		三义柏
	声同裂帛五龙柏		人才济济缘古柏
	轩辕柏		山丹巨柳

320

作　者	参赛作品	作　者	参赛作品
古树名木故事	蛇护毛白杨	古树名木故事	松赞干布迎亲树
	尉迟栓马青杨		状元树
	唐皇世民手植槐		安溪形人树
	五竹寺伞松		北川巨树神话
	莺鹆古柳同筑巢		二王庙古楠
	致富杏树王		何处荔枝贵妃尝
	助脉小叶杨		古刹神话树
	助战国槐王		李月圆与粉竹
	小平指令护枸杞		蝴蝶树
	和田核桃王		龙翔苏铁
	伊犁风水树		珂楠巨树知农时
	惠远将军树		榕根有情搭溪桥
	千年悬铃赖阿訇		七根柏与七贤柏
	神秘之果		游僧古桢楠
	谁使无情独古杨		双楠当夏寒
	孟达灯笼树		银杏也有气生根
	夫妻神树		太鹏鲸柏世间稀
	依依入桑梓		长梢桥边红豆杉
	格萨尔王桃		雅安红豆树王
	达赖喇嘛种藏桃		诸葛银杏
	金刚神树藏川杨		朱德故居双柏树
	文成公主核桃树		"根不沾土"的黄葛树

作　者	参赛作品	作　者	参赛作品
古树名木故事	班洪抗英榕	古树名木故事	汉银杏
	绒叶含笑		古柏九级似宝塔
	陪嫁黄杉成巨树		古柯中裂巧鲁班
	彝良"蟠龙神树"		古柏生计救刘秀
	忽必烈拴马树		红军长征纪念树
	大黄葛树		河南柿树王
	白秀才树		静居寺唐柏
	神树		九龙盘根甘罗柏
	红军会师柏		刘秀歇息松
	九龙柏		苦恋（楝）柏
	风水树白花泡桐		唐洼古柏奶奶伞
	千年铁坚定情树		落马铺汉桑树
	王阳明手植柏		山东引来山楂爷
	界树		麻栎岂可长柏叶
	重阳木王浴火重生		为树建庙记皇恩
	陆游思女银杏		三性柏
	白果大仙汉银杏		武帝拴马冬青树
	残干断枝古银杏		桐柏宋柏又重生
	古老银杏抱黄楝		橡树王老大
	闯王挥剑柏留痕		玄宗胞妹植菩提
	此桑存在汉长留		颜真卿殉节处
	杜康自此有杜康		珠子酸枣王

作 者	参赛作品	作 者	参赛作品
古名故 树木事	岳飞系马槐	古名故 树木事	禹王碑前摇钱树
	紫薇宫大银杏		海棠树无恙否
	红军标语树		范公堤上古银杏
	鹤峰将军树		槐花一树壮英风
	婆婆挺身护树		徐霞客与罗汉松
	黄陂木兰树		花果山拐杖柏
	青檀何来呼噜声		金陵魂系六朝[松]
	金银桂花皆成王		五谷树
	鸳鸯栗		江苏枸杞王
	山霸无奈铁坚杉		萧统寄思红豆树
	樟树杜家		南柯一梦古槐树
	生死换了鸳鸯柏		鄞县保宅银杏
	枫香为桥世间稀		风水大樟
	春秋古银杏		常照寺里宋紫薇
	俩皇石碑护一树		佛种苦甜槠
	多子多孙甜柿王		皇帝金口无核柿王
	贺龙拴马树		翰林罗汉松
	古桂可曾记田中		将军楠
	瑶汉友谊罗汉松		夫妻松
	韶山银田银杏		尽把珊瑚映夕曛
	银杏受戒入佛门		晋朝遗老古香榧
	南岳念庵友情松		龙飞凤舞奇古柏

作　者	参赛作品	作　者	参赛作品
古树名木故事	苦槠难耐缠身藤	古树名木故事	龙脉山红豆杉
	普陀山佛光树		丰产古荔
	千年红豆杉女王		"千手观音"细柄蕈
	青柯亭前明双桂		断木长成柳杉桥
	三味书屋蜡梅		朱氏榔榆移地栽
	书圣与神樟		八闽古花榈木
	隋时老梅待佳朋		杵臼之交俩柳杉
	八角刺枸骨王		点首朱衣或是君
	随手插出杉木王		丹荔万里也飘香
	朱元璋诏封杉		龙须榕
	徐姓穷人钓翁柏		古樟倒悬成城门
	樟抱黄大事成		吉祥树溪榕王
	从知润物有渊源		古田大秃杉
	罗汉庆寿杨维桢		思贤亭与人字榕
	择宅树		破石油杉王
	宏村秀才树		伞树
	不越雷池一步		南靖雨林老红锥
	青阳卧龙松		太监盗宝
	呈瑞桢祥一檀公		五指摘星松
	树屑有灵变成血		"三绝"樟树王
	李白金钱树		许逊手"剑柏"
	闽柏		倒栽樟树记十公

作　者	参赛作品
古　树 名　木 故　事	此柏当生也
	古拙离奇一龙樟
	邓小平与古榕
	故称六朝罗汉松
	点破银花玉雪香
	奶子果树
	毛朱歇脚树
	上枝摇荡凌云烟
	三种叶形重阳木
	万载黄檀纪念树
	双色叶果雷击成
	筱山石上荆柴王
	遂川龙鸟柏
	郑成功招兵榕
	中英街古榕
	霸天雅榕王
	孙中山与酸豆树
	垂叶古榕垂青史
	灵光寺生死柏
	百年习俗许愿树
	土沉香与香港
	连村树桥

作　者	参赛作品
古　树 名　木 故　事	通天树
	龙形榄仁树
	天外飞来菩提树
	刘三姐唱红古情榕
	冒烟发光树成谜
	桂林中山纪念馆
	六新村状元松
	秀水枫杨桥
	一树何来阴阳面
	友谊关前友谊榕
广东省 高州市 林业局	贡园古荔树群
	缅茄树
贵州省 水城县 林业局	千年菩提古树
	千年清香木
	菩提古树
	菩提树
	青冈栎
	黄连木
	橄榄树
	朴树
	普陀鹅耳枥
	红豆树

作　者	参赛作品	作　者	参赛作品
贵州省水城县林业局	黄杨木	贵州省水城县林业局	南酸枣
	棠梨树		胡桃树
	青冈		银合欢
	菩提树		灯台树
	朴树		罗汉松
	银杏		刺楸树
	女贞		青冈
	朴树		青冈栎
	珙桐		香樟树
	红豆杉		香桂子树
	普陀鹅耳枥		细叶香樟
	清香木		香樟树
	长蕊木兰		南酸枣
	马缨杜鹃		清香木
	西康玉兰		朴树
	桫椤		青冈树
	青皮树		香樟树
	水青树		黄连木
	紫荆树		清香木
	苦楝树		青冈栎
	千年古杨梅树		黄连木
	胖婆娘树		菩提树

作　者	参赛作品
河北省林业厅	北戴河转播台南门古油松
	竭家沟村古油松
	老爷庙村古油松
	山南村古油松
	岭东村古油松
	方垴村古油松
	大海陀自然保护区古油松
	泥海子村古油松（歪脖松）
	黑山窑后村古油松
	尖山峪村古扫帚油松
	周家河村古侧柏
	下庄古侧柏
	张庄村古侧柏（鸡冠柏）
	龙爪沟古侧柏
	皇寺村古侧柏（鸟柏）
	寺庄村古侧柏（佛手柏）
	遵化市栖云寺古侧柏
	贺庄村古圆柏（金球柏）
	大茂山古核桃
	赵家蓬村古核桃
	李家堡村古核桃（蜗牛核桃）
	大洼村小叶杨

作　者	参赛作品
河北省林业厅	薛杖子村古小叶杨（九龙蟠杨树）
	三堡村古小叶杨
	雾灵山字石沟古辽杨
	两间房村古旱柳
	胡马营村古旱柳
	山门庄村古旱柳
	永安堡村古旱柳（卧龙柳）
	沙子坡村古旱柳
	前仙灵村古板栗
	栖霞寺古板栗（佛肚栗）
	前南峪村千年板栗王
	长寿村古栓皮栎（龙盘树）
	沙岭安村古槲栎
	东山银村古白榆（气象榆）
	上马山村古白榆
	圪料沟村古白榆
	观门口村古黑榆
	后柏树山村古大果榉
	辛庄村古小叶朴
	井树沟村古青檀
	金石片村古华桑
	哨虎营村古山楂

作　者	参赛作品
河北省林业厅	黄酒馆村古山楂
	毛家沟村古槐树
	谭庄村古槐树
	韩丁村古槐树
	煤矿工人疗养院古龙爪槐
	周家堡村古黄连木
	后峧村古毛黄栌
	大石峪村古华北五角枫
	巴图营村古酸枣
	外虎沟村古葡萄
	杨家坪古沙棘
	坡子峪村古紫薇
	上辛庄村古白蜡树
	南秋兰村古楸树
	山海关区东街办事处古紫丁香
	洪水沟村北京丁香
河北省涉县林业局	《涉县古树名木》
河南省民权县林业局	民权白云寺铁锅槐
河南省信阳市林业局	何家冲绿色纪念塔

作　者	参赛作品
河南省信阳市林业局	尖山吴仁甫树
	牛冲村银杏
	许家洼五凤松
	白沙关万人暴动纪念树
	李洼李德生将军松
	植物园银杏
	鸡公山厚朴
	鸡公山遗植物连香树
	鸡公山活化石之香果树
	波尔登森林公园落羽杉母树林
	光山西府海棠
	将军树
	许母松
	旧址石榴
	大塘栗群
	中湾刺柏群
	李寨栗群
	三合栗园
	大河湾栗群
	郝堂枫杨群
	陈大沟麻群
	西河枫杨群

329

作　者	参赛作品	作　者	参赛作品
河南省信阳市林业局	叶湾银杏群	河南省信阳市林业局	净居寺千年圆柏
	雷沟古松群		净居寺唐柏
	小刘河青冈古树群		黄湾侧柏
	黑谷冲麻栎群		贤隐寺银杏
	趟家山麻栎群		信高银杏
	袁河榉树群		胡岗千年银杏
	袁河黄连木群		胡岗皂荚
	罗岗麻栎群		白庙银杏
	黄李寨国槐		大田村榔榆
	司马光宾馆千年侧柏		郝家冲枫杨
	桃园山庄六彩紫薇		笃沽店银杏
	万河圆柏		湖塘苦木
	殷棚银杏		擒龙山千年桑树
	环山古银杏		杨河千年银杏
	大山寨林场航标银杏		杨河五指银杏
	程山侧柏		昌湾苦木
	李畈雌枸骨		杜河千年枸骨
	伏岭岗无价枸骨		大王村银杏
	雀村圆柏		老门村银杏
	杨岭圆柏		李家寨千年银杏
	净居寺同根三异树		黄龙寺雄银杏
	净居寺千年侧柏		清塘苦木

作 者	参赛作品	作 者	参赛作品
河南省信阳市林业局	车云山千年银杏	河南省信阳市林业局	黄柏山林场千年银杏
	高寨银杏		百战坪麻栎
	灵山寺古银杏		裸石湾小叶朴树
	胡畈银杏		鄂山有灵性的枸骨
	黄岭翠柏		南田茶树
	雌雄双桂		道班银杏
	苏楼孝子桑		楼子洼银杏
	魏庄侧柏		居畈银杏
	小集侧柏		张庄蜡梅
	三道河柿		白店柘树
	胡楼银杏		叶桥沧桑黄连木
	杨岗北黄连木		刘岗三角枫
	杨岗南黄连木		林淮带印记的皂荚
	范山银杏		晏庄桑
	小洋河许愿树		金大湾黄连木
	平东办事处朴树		白庙青檀
	平东办事处双侧柏		龙咀桧柏
	辛店猫鼠柏		杨岗旱柳
	辛店雌银杏		郑乡皂荚
	孙楼吞钉侧柏		杨山枸骨
	七桥皂荚		田冲马尾松
	城关柏树		许店刺柏

作者	参赛作品	作者	参赛作品
河南省信阳市林业局	牌坊枫杨	河南省信阳市林业局	百战坪麻栎
	牌坊皂荚		息影塔麻栎
	齐山银杏		黄柏山村黄山松
	齐山栗		黄柏山迎客松
	宣政刺柏		百战坪柳树
	卧龙银杏		胡坳湾麻栎
	大路侧柏		柳铺青檀
	会馆庙银杏		夏湾拱门银杏
	王行皂荚		杨高山马尾松
	汪岭木犀		张畈枫香
	汪岭枫香		韩老屋黄连木
	杨庄救命君迁子		韩老屋枫香
	张庄皂荚		梅花村银杏
	新店神奇的黄连木		王楼枫香
	苏双楼独檀树		水榜栓皮栎
	白土堰槲栎		邹河千年古枫
	佛山村空心皂荚		胜利山枫香
	双楼黄连木		胜利山木犀
	柳大山茶花		小八岭姊妹银杏
	下马河皂荚		杜坟山银杏
	喻畈红柳		胡坳枫香
	毛坪河鹅掌楸		韩山银杏

作　者	参赛作品	作　者	参赛作品
河南省信阳市林业局	袁河黄连木	河南省信阳市林业局	高寨红柳
	袁河枫香		娄寨青檀
	细湾黄连木		丁寨豆梨
	罗岗短柄枹栎		付店乌桕
	后洼湾银杏		关店桑
	泡树岗圆柏		瓦坊银杏
	大畈枫香		皮冲银杏
	陶冲青冈		皮冲木犀
	徐家冲银杏		黄院历经生死的朴树
	郭家河银杏		柳铺腺柳
	白云山黄山松		杨山柿
	郝楼万古长青之圆柏		梨园皂荚
	全集杜梨		岷山麻栎
	金大湾杜梨		陆庙夫妻树
	庙山榆树		雷山腺柳
	周湾木瓜		郝堂枣
	柳林风水树		龙堂皂荚
	闵冲油茶王		新华银杏
	金庄腺柳		商城党校重阳木
	万湾二龙戏珠之山树		华祖庙楸树
	徐湾木瓜		螺丝畈枫杨
	三角山油松		许冲黄连木

作 者	参赛作品	作 者	参赛作品
河南省信阳市林业局	百战坪黄连木	河南省信阳市林业局	四斗洼木犀
	彭大湾枫香		四斗洼红果冬青
	合龙紫薇		田湾桑
	黄湾榔榆		胜利山枫杨
	冯楼黄连木		鄢河朴树
	牛脊岭枫香		杜坟山冬青
	居畈麻栎		杜坟山黄连木
	土门枫香		小八岭山樱花
	水榜枫香		黄湾榉树
	程七流苏		黑谷冲皂荚
	云山枫香		黑谷冲枫香
	水榜紫藤		黑谷冲麻栎群
	寺河合体树		胡坳榉树
	武常庙枫香		韩坳麻栎
	大屋店皂荚		代咀青冈
	竹林乌桕		韩湾青冈
	屋脊洼枫香		韩山皂荚
	楼子洼皂荚		水榜槐
	韩山麻栎		水榜黄连木
	韩山枫香		大塘皂荚
	韩山黄连木		袁河槐
	彭氏宗祠榉树		甘湾麻栎

作　者	参赛作品
河南省信阳市林业局	楼子洼黄连木
	细夏冲乌桕
	余塝黄连木
	孙岗银杏
	严洼皂荚
	严洼黄连木
	破塘银杏
	胡河栗
	吴油榨黄连木
	土门木犀
	赵岗枫香
	扶前湾胡颓子
	扒棚马尾松
贺　涛 张健强	邯郸市峰峰矿区王一古槐（一级）
	邯郸市涉县西辽城古毛白杨
侯井新	"护国将军"雄姿依旧
胡海根	江西省分宜县操场乡塘西村柏树
	江西省新余市罗坊镇院前村香樟
	江西省新余市仙女湖区河下镇浒溪村罗汉松
胡海根	江西省新余市罗坊镇龚塘村香樟

作　者	参赛作品
胡海根	江西省新余市仙女湖区罗汉松
胡开贵	四龙碑黄桷树
胡木金巴特尔	科尔沁沙漠中的威枫
胡祥林	千年榧后　生机盎然
胡正平	拥抱阳光
	百年桦椴
	千年银杏
胡忠明	留口殿旁的古樟树
	古老而生机勃勃的"三口之家"
湖北省林业厅	铁坚油杉之王
	利川市谋道镇水杉
	"谭氏"银杏
	"流血"的枫香
	丹江口市石鼓镇柳林村青檀
	卧龙松盆景王
	通山古树王
	威尔逊和巴东县榕树
	钟祥市客店镇南庄村对节白蜡
	老河口市张集镇古刺柏
	长须美髯千年古柏
	随州市曾都区万店镇柏木

作　者	参赛作品
湖北省林业厅	保康县官山林场紫薇
	宣恩县晓关乡红豆树
	兴山县南阳镇红豆树
	谷城县赵湾乡柯楠树
	武汉市黄陂区木兰山林场山茶花树
	随县三里岗镇三角枫
	十堰市茅箭区赛武当小川分场旱柳
	竹溪县水坪镇朴树
	十堰市茅箭区武当街办皂荚
	竹山县双台乡锥栗
	竹溪县天宝乡五溪村椴树
	大悟县三里镇柏园村银杏
	随县洛阳镇银杏
	大悟县宣化镇黄连木
	安陆市雷公镇柏桥村柏木
	秭归县磨坪乡六家包村银杏
	兴山县南阳镇柞木
	秭归县茅坪镇三角槭
	秭归县茅坪镇黄葛树
	宜都市王家畈镇西川朴
	钟祥市客店镇南庄村对节白蜡

作　者	参赛作品
湖北省林业厅	谷城县人民医院银杏
	"红军树"银杏
	钟祥市长寿镇刺柏
	钟祥市东桥镇刺柏
	荆门市栗溪镇黄连木
	保康县官山林场紫薇
	钟祥市东桥镇桂花
	钟祥市洋梓镇三角槭
	松滋市卸甲坪乡樟树
	"古槐救主"槐树
	"盘龙龙柏"
	"兄弟古柏"
	"辛亥革命"村古柏
	"鉄衣古松"
	武汉市江夏区舒安乡樟树
	武汉市江夏区山坡街朴树
	天门市钟氏棠梨树
	"神龟柏"
	通山银杏王
	阳新县龙港镇柏木
	"哨兵柏"
	"将军柏"

作 者	参赛作品
湖北省林业厅	"阴阳柏"
	崇阳县白霓镇柏木
	"盘龙古樟"
	"拴马樟"
	"古樟逢春"
	两樟相依
	咸宁市咸安区马桥镇香樟王
	阳新县龙港镇樟树
	"照镜樟"
	大冶市金山店镇樟树
	阳新县龙港镇茶寮村樟树
	通山县九宫山镇苦槠栲
	"小白龙"苦槠栲
	阳新县浮屠镇阿冯村苦槠栲
	通山县燕夏乡乌桕
	阳新县浮屠镇下秦村化香
	"三姊妹"南方红豆杉
	通山县闯王镇南方红豆杉
	"包公树"重阳木
	罗田县三里畈镇罗汉松
	大冶市金湖街办马尾松
	阳新县太子镇杉木

作 者	参赛作品
湖北省林业厅	通山县杨芳林乡青冈栎
	"独树成林"银杏
	"兄弟"紫荆
	"定海神针"杉木
	建始县茅田乡子母村樟树
	巴东县清太坪镇樟树
	建始县官店镇光叶水青冈
	"将军"铁坚油杉
	巴东县大支坪镇黄心夜合
	鹤峰县走马镇青钱柳
	建始县官店镇短柄枹栎
	南漳县城关镇刺柏
	郴州古树名木
	海神娘娘的吉祥花
	新化古银杏
	鼎城古杉
	靖州古红豆杉
	桂阳古红豆杉
	绥宁古红豆杉
	桃江古罗汉松
	炎陵古罗汉松
	澧县钦山寺罗汉松

最美古树名木

国外之贵

作　者	参赛作品	作　者	参赛作品
湖北省林业厅	芷江古樟树	湖北省林业厅	九峰夕照
	南县古樟树		树鸭戏水
	醴陵古樟树		爱情古树
	沅江古樟树		四足鼎立
	嘉禾古樟树		引人入胜
	石门古紫薇		石门古银杏
	汝城古苦槠		鼎城古杉
	芷江重阳木		慈利古樟树
	岳麓山古枫香		城步古紫薇
	槐树		桃园古苦槠
	乌桕		嘉禾古重阳木
	三角槭		嘉禾古枫香
	毛主席栽种的板栗树		涟源古青冈
	江泽民总书记栽种的深山含笑		天师栗
	橘子洲头标志树		椤木石楠
	六朝松		小叶栎
	皇帽古松		水松
	湖南最古老的树木：南方红豆杉		檫树
	硕果仅存的绒毛皂荚		张飞"系马樟"
	全国最高的古水杉		儿孙满堂
	湖南杉树王		独木成林
	空心槐		众姓樟

338

最美古树名木
国外之贵

作　者	参赛作品
鞠序东 荣　飞	长白山红松王
阚丹妤	九头龙树王
康秀琴 马建勋	沧桑岁月的见证者
孔庆鹏	母子情深"槐抱槐"
	安康千年"神树"紫薇王
匡奕平	四川荥经千年古桢楠
劳百恒 农钧元	蚬木之星
雷广全	西太安龙形槐
李柏园 杨剑青	云南山茶
	桂花
	毛叶合欢
李宝东 杨庆海	敦化林业局关于"千年紫杉王"情况的简介
李保荣	穆棱林业局千年红豆杉（种群）
李大俊	六百年香樟庇佑枫树庙村
李大俊	六百年白蜡顽强抗病虫
	三百年黄连木尽显沧桑
	千年枸骨
	三百年古皂荚依旧硕果累累
李德俊	榆大将军

作　者	参赛作品
李　方	齐天大松
	银杏镇山
	千年重阳
李阜东	柏抱槐
	景山"槐中槐"
	距今约2亿年的"树"
李贵友	雁栖湖畔"汉槐"
	长城脚下古楸树
	槲树
	秋子梨
	糠椴
	秀美汤河的流苏树
	雾灵山主峰—华北落叶松
	雾灵山南主峰—华北落叶松
李红亚	千年皂角话沧桑
	千年的银杏树
	回汉民族友谊树
	内乡文庙古柏
	蒙汉民族团结树
	石堂山迎宾柏
	内乡千年檀群
李建海	甘肃天祝章嘉神柏

作 者	参赛作品
李建军	泽州黄栌
	泽州黄连木
李 晶	雪霁卧龙
	化石木与化石树
	仓西古树伴龙沙
	路让树
李 敏	移村银杏树
	岳坊银杏
李明红	南岳听经树——古银杏
	千年相思红豆杉
	世界罕见"熊猫树"
	摇钱树
李明红 康松柏	"修行"千年古银杏
李明红 刘建平	南岳迎客松
李 墨	樱花树 友好情
李鹏飞	古榆
李绍斌	贵州省兴仁县马马崖镇联增村最"粗"古榕树
	贵州省兴仁县城南街道大山脚村最美百年枫香树
李小文	北宋诗人黄庭坚植下"友谊见证树"

作 者	参赛作品
李小文	"三湾古樟"见证中国发展史
李晓军	神树
李晓妹	九棵树
	守候
	最美树冠
李旭冉 刘 义	沈家唐槐——沧桑风雨历惊奇
李 扬	十字寺遗址古银杏
辽宁林业职业技术学院	药王松
	凤松
	擎天松
	关东第一柏
	朝阳古榆
	色树王
	建平双枫
	龙爪松
	凤凰松
	建昌古松
	万缘古柏
	永安古柞
	菠萝树王
	桑树王
	皇荫槐

最美古树名木

国外之贵

作 者	参赛作品
辽宁林业职业技术学院	驮石松
	尚志古柳
	周杖子白榆
	三道沟国槐
	箭松
	菊花岛"菩提树"
	九龙墩
	桓仁紫杉
	思山岭古松
	房身古松
	海浪古松
	沙尖子水曲柳
	丹东银杏群
	平安松
	大佛古松
	黑峪古槐
	鞍山枣王
	龙王塘玉兰
	水师府梧桐
	鲲鹏松
	奉天神树
	小峪口古松

作 者	参赛作品
辽宁林业职业技术学院	功臣松
	油栗王
	盘龙寺古杉
	饮鹿柳
	龙泉寺古梨
	昭陵黄波罗
廖北海	淳安灵岩庵唐银杏
廖 严	云阳"夫妻树"
林材辉	杨梅千年古树群的苦槠王
	杨梅千年古树群的苦槠王
林海欣	将军松
	招财树
	夫妻树
林永禄	滇油杉"夫妻树"
凌 帅	五百年杨树王 见证满乡传奇
刘 博	李家庄千年古松
	木昌桥古油松群
	艾曲河千年古槐
	涅槃古槐
	奇根国槐
	山户古槐
刘朝文	冰雪红柳

342

最美古树名木

园外之贵

作　者	参赛作品
宁三龙	娑罗古树
宁夏回族自治区原州区林业局	原州区柏树王
	鳄"鱼"拜佛——白榆
	小叶朴（菩提树）
	清河公园古树群
	须弥松涛——油松
欧阳安河	汉代古樟树——香樟
	宋代重阳木
	濒临灭绝的花木家族中的新变种——长江櫰木
	荆柴王——黄荆
庞赛	古树群：得宠与失宠
	最神奇：一树一洞天
	名木：中美友谊之树
	最大：一树当关，万夫莫开
	最珍稀：树中也有大熊猫
	最美：独木成景
	保护古树名木建设美丽杭州
庞铮铮	北京北海公园团城——白袍将军
	北京北海公园团城——遮荫侯
逄广利	百年山梨树
	千年东北红杉树

作　者	参赛作品
彭继平	万安五云古榕树
朴京武	古树之冠——榆树
齐海洋	神　树
乔建会	九龙蟠杨
秦新	古老神奇野生楠木林
	古树魅影 魅力无穷
	油杉夫妻古树相守千年
	千年古枫树枝繁叶茂
	中华慈母树 一树养十子
秦运芝	圈圈年轮记载千年世事变迁
曲丽	千年古树—东北红豆杉
冉剑秋	成都大邑"太鹏鲸柏"
任国强	百年银杏见证外滩变迁
任红成	米仓古道皇柏林
	巴山深处"金花银杏树"
	奇特的南江七子柏
山西省林业厅	天后宫银杏
	于姑庵的两棵老银杏
	海云庵银杏树
	闫家山银杏
	竹庵白果——1600岁的活化石
	汉柏凌霄——2154岁树爷爷

作者	参赛作品	作者	参赛作品
山西省林业厅	槐庆德：青岛最粗的树	陕西省宝鸡市林业局	夏家草房刺叶栎
	千年古榆 仙风道骨		渠头百鸟树
	法海寺的"忘年交"		半坡杜梨
	800岁"孝母树"		武申皂荚
	千年银杏八子绕母		酒铺槐抱松
	最老银杏树		焦家坡槐树
	仙鹤种下的蒲青树		凉峪村槐树
	青岛1500多岁最老酸枣树		亭子头龙爪槐
	相依相伴文武柏		南沟七叶树
	枝繁叶茂龙凤楸		老庄毛栋
山西省林业厅	五味杂陈酸枣树		申家山槐树
	悠然自得卧龙柏	陕西省林业厅	易平银杏
	蔚为壮观数秦柏		洛南古柏
陕西省宝鸡市林业局	杨家山银杏		护王槐
	兴国寺银杏		仓颉手植柏
	皂角湾银杏		护墓双桂
	九平沟油松		黄帝陵碑林柏
	关岭子白皮松		挂甲柏
	赵家卧龙柏		黄帝陵迎客柏
	双庙塬侧柏		白水陕西第一槐
	北庄子圆柏		太白山连香树
	贾家河小叶杨		武侯祠旱莲

最美古树名木
国外之贵

作　者	参赛作品
陕西省宝鸡市林业局	佳县陕西枣树王
	中国核桃王
	汉滨区重阳木王
	山阳陕西红豆杉王
	合阳陕西文冠果王
	三原李靖手植柽柳
	兴平太上槐
	临潼并蒂皂荚
	蓝田王维手植银杏
	略阳李白手植银杏王
	老子手植银杏
	毛主席手植丁香
	孙思邈手植柏
	轩辕黄帝手植柏
	唐明皇与杨贵妃合植并蒂皂荚
	扁鹊手植银杏
	毛泽东手植丁香
	天下第一槐
	西北银杏王
	陕西桂花王
	中国玉兰王
	陕西白皮松王

作　者	参赛作品
陕西省宝鸡市林业局	中国文冠果王
	世界旱莲王
商继增	秦岭最美玉兰王
	铁甲神树熊猫秦岭
上海市古树名木保护办	古树与未来
	醉秋古树群
	朱家角银杏
	百年香樟
	满地黄金
	福泉寺古银杏
	曹安路银杏
	花繁叶茂黄荆树
	圣三一堂银杏飘香
上海市林业局	蘅芜院里看桧柏
	怡红院与罗汉松
	碧波楼的瓜子黄杨
	怡红院前的桂花
	曲径通幽看朴树
	假山上的银杏树
	梨香院的石榴树
	圆心湖畔紫薇树
	浓浓枸骨意

作　者	参赛作品
上海市林业局	深深紫藤情
	贵族白皮松
	依依黄杨心
	点点青枫叶
	翩翩紫薇花
	桂香飘向公园路大街
	与百年壳树相约
	曲水园里女贞的传说
	罗汉松
	朴树
	桧柏
	银杏
	榉树
	不知春的古黄檀
	生死香柚树
	被樟树挤压掩盖下的古榉树
	子孙满堂的古樟树
	躯干丰润，枝叶浓郁的古樟树
	青桐依古桥
	威仪儒雅的古梓树
	金泽颐浩寺和古银杏树
	金泽大寺基的兄弟银杏树

作　者	参赛作品
上海市林业局	青浦古树中的老夫——关王庙古银杏
	风雨沧桑古银杏
	百年榉树情意长
	青龙古银杏
	朱家角城隍庙古银杏
	千年古树"贵子"万千
	明因夕照古银杏
	雪中庄严寺古银杏
	朱家角美周弄古银杏
	一株长在民宅内的古银杏
	气宇不凡的两株广玉兰
	徐府百年黄杨树
	三元路的稀有名树
	小区里的一对广玉兰
	古槐沧桑休复荣
	银杏见证和尚成婚
	百年榉树见证"血防人文"
	淀山湖上的方向树
	依岸傍水古银杏
	金泽雪米古银杏树
	圆通朝爽古银杏
	陈云故居话香樟

作 者	参赛作品	作 者	参赛作品
上海市林业局	美人依旧玉兰居	斯海平	中国香榧王
	一颗梨枣树		东白山的满山红
	施相公庙古银杏	四川省林业厅	阿斗柏
沈天法	千年古樟		蝴蝶树
	浙西桂花王		剑阁柏
沈 尤	成都昭觉寺古榕树		结义柏
	大邑雾山接王寺红豆杉		千年紫薇
	新都新繁东湖公园古苏铁		三国鼎立柏
舒成伟	塔包树·树包塔		帅大柏
	爱情树		翠云廊驿道古柏
	象牙芒果始祖树		张飞柏
舒敏瑞	千年不倒的罗汉松		遮天柏
	千年不倒的木垒胡扬	宋辉	冠县梨古树群简介
水金生	晋祠周柏		运河古槐，历史的见证
	太原蟠龙松		范公亭唐楸、宋槐
水金生	原平龙凤楸		博兴县锦秋街道办事处湾头村1500年槐树
司继跃	胶东四月雪		天下银杏第一树
	蓬莱阁唐槐	宋 娜 侯方舟	长安观音禅寺唐太宗手植古银杏
司继跃 于丰民	江北玉兰王	宋艳梅	乌珠穆沁草原上的沙地榆
司建平	武安"木橑树王"	苏庆志	连理树
	中国"漆树王"	粟汝生	瞧一瞧，马上拍

348

作　者	参赛作品
粟汝生	圣境
孙建平	古老沧桑之美树
孙　晶	阿里山神木
孙久良	开鲁古榆树
孙其君	于林白皮松　君臣师生情
	平阴千年国槐
孙志成	守望在丝路古道上的胡杨兄弟
唐　勇	樵山千年古香榧
唐亚奇	迎客松
唐战平	我们村里的榕树
陶德树	重阳木1
	枫香
	三棵树
	岩栎
	隐形王
	闽楠群落
	巴东木莲
	独木成林
	重阳木2
	南方红豆杉
	银杏
	湖南楠木王

作　者	参赛作品
陶德树	迎客重阳木
	尾叶紫薇群落
佟　涛	九龙蟠杨 独木成林
汪春燕	最美古红豆树：挺拔独秀
汪牡蝶	二将军柏
王　爱	敦煌周公树
王　臣 方　钢 孙世民	开鲁大榆树
王冬寅	华夏"榕树王"
王　芳	松狮迎雪
王　刚	陕西商南青山书院"尧夫古柳"
王　刚 陈建玲	陕西商南奇树——冬青抱柏
王广晋	雪菊之韵
王桂发	百年守望，一棵树与一座城的不解之缘
王海飞	风吹我不动
王　红	宁夏北武当国槐
王金城	世界柏树王
	天下第一杉
	中国杉王
	千年白果古树

最美古树名木
国外之贵

作　者	参赛作品
王井泉 杨　波	项王手植槐
王俊昌	父子情深、古树参天
王瑞祥	巍巍将军松 浓浓爱国情
王太久	桦甸市苏密沟林场白松
	苏密沟林场新开河百年白松
王　亭	世界柏树之冠——黄帝手植柏
王　亭 王春梅 路绳飞 李彦君	一棵千年古柏迁徙的传奇
王土德 潘姝慧	一座古城、两棵古槐
王晓霞	万绿丛中
王远长	后岙柳杉王
	报国罗汉松
	季边空心樟
王志远 贾仁安	董公柳
	古杨王－牛栏树
	旱塬核桃王
	红军宿营纪念榆
	怀乡槐
	回汉友谊柏
	寄情杜梨

作　者	参赛作品
王志远 贾仁安	将军榆
	金蟾报晓古柳
	金盆柳
	空腹巨柳
	宁南大梓树
	宁夏旱塬国槐王
	宁夏核桃五魁
	宁夏校寺古柏
	宁夏左公柳
	丝棉木巨树
	死而复生核桃树
	为户主度灾的核桃树
	无畏松
	仙钉神播柏
	校园老椿树
	圆柏二将军
	占道核桃树
	震劈不衰柳
	重归友好纪念柏
	周恩来拴马核桃树
	坐过飞机的新疆杨
魏　坤	万源"红军铁坚杉"

350

作 者	参赛作品
魏坤清	兴隆山保护区黑虎松（万象树）传说
魏人彪	甬上有嘉木
魏润科（魏鹏）	家乡的神树——百年古柏
乌志颜	赤峰古树
吴广庆	望秋
吴来虎	村口有棵"夫妻树"
吴来虎	美好乡村的"千年银杏"
吴立旺	凤凰展翅
吴立旺	塔树相依 脉脉倾情
吴 恋	"浙江最美古树"平湖市古树荷花玉兰简介
吴渭明	衢州一道最靓丽的风景
吴长波	华北第一奇松——盘龙松
西藏自治区林业厅	迎宾神树
西藏自治区林业厅	送宾榆
西藏自治区林业厅	宫前榆
西藏自治区林业厅	石后榆
西藏自治区林业厅	甘丹颇章侧柏
西藏自治区林业厅	乃琼竹康藏桃
西藏自治区林业厅	辩经场榆
西藏自治区林业厅	色拉寺白柳

作 者	参赛作品
西藏自治区林业厅	惹麦寺天堂树
西藏自治区林业厅	双干榆
西藏自治区林业厅	右旋柏
西藏自治区林业厅	左旋醉鱼草
西藏自治区林业厅	筑台榆
西藏自治区林业厅	藏川杨神树
西藏自治区林业厅	放线桩垂柳
西藏自治区林业厅	喇嘛岭藏桃
西藏自治区林业厅	新宫林芝云杉
西藏自治区林业厅	千头侧柏
西藏自治区林业厅	西区康定柳
西藏自治区林业厅	左旋康定柳
西藏自治区林业厅	斜柳
西藏自治区林业厅	大肚柳
西藏自治区林业厅	叠罗汉柳
西藏自治区林业厅	弓背柳
西藏自治区林业厅	双旋柳
西藏自治区林业厅	人字柳
西藏自治区林业厅	船柳
西藏自治区林业厅	寿龟柳
西藏自治区林业厅	蜗牛柳
西藏自治区林业厅	狗头柳

作　者	参赛作品	作　者	参赛作品
西藏自治区林业厅	九头柳	肖礼彬 上官凯	江西省吉安市遂川县千年罗汉松
	龙爪柏	谢兵生	江西遂川县衙前镇罗汉松
	千年青冈		南江乡龙樟
	桃抱松		楠木王
	草坡柳	谢宁一	瑞尼尔山原始森林
	门右高白柳	谢文喜	百年神树
	门右柳	谢星波	古树呵护人
	右将军柳	徐白莉	香樟树
	夫妻柳		千年古櫶树
	古核桃树	徐小东	百年家桑　苍劲挺拔
	加尔西村核桃树		自然奇观——槐抱榆
	双杨树	徐晓雨	高山刺叶栎
	玛曲村沙棘	徐元魁 菅　勇 禚慧超	2800年紫杉王
	琼布沟高山柏		2000年紫杉王
	舞蹈沙棘		守望故土两千年的紫杉王夫妻树
肖　黎	800年榕树王		杨树王
	才子之王	徐志辉	盈江独树成林王
	千年航标		瑞丽独树成林
	神树奇观		勐海独树成林
	银杏之王		陇川独树成林
	金枝玉叶		独树成林的形成过程
	观音榕		

作　者	参赛作品
徐志辉	千年榕树发千枝
	最奇怪的天造奇观——小象树
	哀牢山世界茶树王
	老君山最古最美的长苞冷杉夫妻树
	铜壁关保护区马鹿榕
	昆明世博园的竹兜——千年竹兜堆叠竹
	竹类最高种是巨龙竹
	白马雪山的千年古柏
	铜壁关保护区千年古榕
	版纳千年的四树木版根
	最美记录的石壁松树
	文山千年云南拟单木兰
	版纳满树的附生寄生植物，好似天上花园
	千年千果榄仁夫妻树
	马关蚬木林，最高大最重木材之一
	地球稀有种：巧家五针松和枝叶花果
	丽江千年铁杉林
	秋色千年皮哨子
	昆明攀援最高的叶子花

作　者	参赛作品
徐志辉	最难见最美丽的附生古树上的鹿角蕨
	油杉林中一棵根部长四个圆球油杉
	千年林生芒果树王
	亚洲最高树种秃杉
	昆明轿子雪山的千年杜鹃
	最美记录的独树成林
许国明	保护古树名木添彩美丽桐庐
许　虎	奇甲天下"五谷树"
	银杏树下传佳话
	古老槐树展新姿
	龙的传人护"龙树"
	枯枝牡丹传奇
许建新	桑树，永远的家园
许双姐刘瑞华	古银杏"双株抱子"，三树上演"合家欢"
薛晓莲	大别山区岳西县天仙河岸古柳
薛志娜	大孤山千年银杏树
	大孤山元代柏树
	大孤山明代古柞树
闫立军	北京大觉寺　千年银杏王
	关沟大神木

作　者	参赛作品
闫立军	延寿寺盘龙松与凤凰松
闫文忠	九龙神榆
	杜松王
严登武	美国"生命之树"
杨帮庆	树洞温泉
	树包塔
	铁力木
杨晖	奇异的伞形树——白皮松
	古树之冠
杨建斌	和顺神堂峪五角枫
杨建国	"白袍将军"存佳话
	"九搂十八杈"古柏
	文天祥祠古枣树
杨晋升	紫薇王
	会师柏
	杨六郎拴马桩
杨军	大连市永清镇寺之宝
杨军张罡	慎终追远，向树而生
杨甚璨	希腊巴尔干松
杨涛	隆德第一柳
杨先灿	李自成拴马桩
	千年青檀树

作　者	参赛作品
杨亚春	景迈山翁基千年古柏树
杨一良	京都古枣第一株
杨永福刘开跃	笔直刚劲耸云天
	地湖古柏展英姿
	圭大一古树名珠
	红豆杉肚内生楠竹
	槐寨千年古榉木
	金山赏绿
	历尽沧桑古银杏
	两姓姻缘一家亲
	民宅与古树
	三棵同蔸共株的先祖树
	同性异株二连体
	新舟翰林树
	重阳木身上长朴树
杨月根何瑞俊	戈壁"神树"
姚小军	千年胡杨王
	千年柳树王
	岳普湖县胡杨王
	大漠传奇之核桃七仙
	巴楚县下河千年胡杨王
叶江林	九子抱母 传千年佳话

作　者	参赛作品
叶江临	百年银杏诉说世纪情怀
叶玲玲	与古刹风雨相伴的千年罗汉松
	美丽坚强的"花瓶樟"
	800年糙叶树：旧时"培人堂"边的乐园
叶思敏	福建省樟树王传说
殷传军	千年枸骨
	千年银杏
尹振海 贺　涛	邯郸市峰峰矿区南响堂寺槐抱柏
	邯郸市涉县固新古槐
	邯郸市丛台区黄粱梦吕仙祠古柏
	邯郸市峰峰矿区将军槐
	邯郸市峰峰矿区响堂寺无名树
	邯郸市临漳靳彭城古圆柏
	邯郸市武安大汶岭大果榉
印葛生	太平铺苦槠
余　嘉	梨花沟
余　涛	千年古银杏
袁　娜 李忠明	百丈独松杉木王
袁松树 蔡松华	当年罗成拴红马　千年银杏展风采

作　者	参赛作品
袁松树 蔡松华	历经沧桑古栎树　巍峨挺拔数风流
	玉环山下盘龙树　女山湖畔夜明珠
袁松树 蔡松华	珍贵稀有古名木　百年罕见柞榛树
	千年之恋——板栗树
	上海资料电子版
臧　旭	中国枫树王
臧一平	中美友谊使者——北美红杉
张　军	九龙神榆
张　冰	东北银杏王
张春喜 张冬香	从春秋战国走来的"古楸树神"
张德成	岱庙中轴古柏之谜
张凤春	红　松
张　刚	西咸新区秦汉新城崔家村美女蛇国槐
张光照	古树之最之千年桂花王
	长岭古树群
	同源古银杏
	鹅耳枥
	后畈古杉群
	安徽板栗王

最美古树名木
国外之贵

作 者	参赛作品	作 者	参赛作品
张光照	天马激情	张彤宇	百年青松
	龙鳞竹	张万军	参天古榆
	鹅耳枥	张相仁	龙凤古樟
	岩松		云巢松
张建民	李自成拴马树	张 星	成都杜甫草堂古樟树
	华夏文明积淀的典范——天坛古柏群		崇州罨画池姊妹银杏
	孔庙"罗汉柏"		大邑西岭镇黄心夜合
张建强 康宝琦	邯郸市峰峰矿区南八特古槐		都江堰聚源导江村古银杏
	邯郸市涉县赤岸丁香		蒲江大唐古朴树
	邯郸市丛台区丛台古槐	张修乐	神奇紫荆树 同开三色花
	邯郸市邯山区大隐豹古槐	张 艳	美丽的胡杨树
张开平	中国木兰王	张艳春	古树参天
张 锴	贺兰山之冠		梦幻苏撒坡
张黎明	成都大邑"红豆大仙"		暮归
张李恬子	暮不辞青		孕育生命
张 伦	阳光父子银杏	张耀宏	新疆塔城南湖古柳树
张明和	全国檫木王		新疆塔城市古橡树
张 齐	六里桥古槐	张依臣	长白松
张胜邦	高原奇葩，千秋古榆	张 颖	中华版图柏
张胜毅	登鲁万株楠木群	张应松 吴 俊	一树两主
张通伟	金川二安夫妻树	张 勇	策勒柳树王
	黄连名木古树		

作　者	参赛作品
张跃民	红豆杉王
张智慧	陕西省佳县泥河沟千年枣树王
张子钦	"脑"槐
赵冬梅	红松
	三结义
赵　芳	巍巍枣树王
	千年唐槐 枯木逢春
赵　刚	千年桂花王
赵　佳	杜鹃王
赵伶青	南荡古银杏树 雌雄两株
赵闪亮	桥驮树，树驮桥
赵万华 郭　洋	古城湾老桑树传奇
赵文祺	百年黄连树
浙江省杭州市林业水利局	淳安：江南美味的苦槠
	富阳：古香榧树群
	富阳：万市杨家古银杏树群
	临安：五世同堂银杏
	桐庐江边古迎客松
	桐庐孝村劫后余生的古柏树
	桐庐一斤谷换一担土的樟树王
	桐庐治病救人娘娘樟

作　者	参赛作品
浙江省杭州市林业水利局	云溪竹径：五云山顶古银杏树
	淳安：方腊故里银杏
	花港观鱼：中美友谊红杉树
	余杭：超山优雅唐宋梅
	余杭：山沟沟里的红豆杉
	淳安：孪生兄弟枫香
	临安：最神奇的古树圆柏
	建德三都红豆杉
	西溪湿地：见证爱情佛手樟
浙江省林业厅	"浙江最美古树"：临安天目铁木
	"浙江十大树王"：宁海前童樟树王
	"浙江十大树王"：瓯海新桥无柄小叶榕王
	"浙江十大树王"：临安天目山金钱松王
	"浙江十大古树"：丽水莲都古樟树
	"浙江十大名木"：庆元百山祖冷杉
	"浙江十大古树"：磐安盘峰古南方红豆杉
	磐安安文古香榧
	磐安万苍古枫杨

作 者	参赛作品
浙江省林业厅	淳安威坪古银杏
	临安天目山古银杏（五世同堂）
	庆元安南古罗汉松
	庆元举水古杉木
	奉化溪口古黄连木
	慈溪观海卫古枫香
	绍兴越城腊梅
	浦江郑宅圆柏
	奉化溪口将军楠
	舟山普陀鹅耳枥
	永康方岩白花泡桐
	南浔双林银杏
	桐庐瑶琳毕浦娘娘樟
	杭州北美红杉
	天台国清寺梅
	诸暨赵家香榧王
	安吉梅溪银杏王
	景宁大漈柳杉王
	桐庐富春江马尾松王
	南方红豆杉
	瓯海新桥无柄小叶榕王

作 者	参赛作品
浙江省林业厅	临海小芝罗汉松王
	衢江全旺枫香王
	"浙江十大树王"：宁海前童樟树王
	"浙江十大树王"：瓯海新桥无柄小叶榕王
	"浙江十大树王"：临安天目山金钱松王
	"浙江十大古树"：丽水莲都古樟树
	"浙江十大名木"：庆元百山祖冷杉
	"浙江十大古树"：磐安盘峰古南方红豆杉
	"浙江十大古树"：磐安安文古香榧
	"浙江十大古树"：磐安万苍古枫杨
	"浙江十大古树"：淳安威坪古银杏
	"浙江十大古树"：临安天目山古银杏（五世同堂）
	"浙江十大古树"：庆元安南古罗汉松
	"浙江十大古树"：庆元举水古杉木
	"浙江十大古树"：奉化溪口古黄连木

作　者	参赛作品
浙江省林业厅	"浙江十大古树"：慈溪观海卫古枫香
	"浙江十大名木"：绍兴越城腊梅
	"浙江十大名木"：浦江郑宅圆柏
	"浙江十大名木"：奉化溪口将军楠
	"浙江十大名木"：舟山普陀鹅耳枥
	"浙江十大名木"：永康方岩白花泡桐
	"浙江十大名木"：南浔双林银杏
	"浙江十大名木"：桐庐瑶琳毕浦娘娘樟
	"浙江十大名木"：杭州北美红杉
	"浙江十大名木"：天台国清寺梅
	"浙江十大树王"：诸暨赵家香榧王
	"浙江十大树王"：安吉梅溪银杏王
	"浙江十大树王"：景宁大漈柳杉王
	"浙江十大树王"：桐庐富春江马尾松王

作　者	参赛作品
浙江省林业厅	"浙江十大树王"：南方红豆杉
	"浙江十大树王"：临海小芝罗汉松王
	"浙江十大树王"：衢江全旺枫香王
	"浙江最美古树"：萧山闻堰樟树
	"浙江最美古树"：宁海胡陈樟树
	"浙江最美古树"：奉化溪口樟树
	"浙江最美古树"：鹿城江心屿樟树
	"浙江最美古树"：嵊州甘林樟树
	"浙江最美古树"：金东傅村樟树
	"浙江最美古树"：兰溪赤溪樟树
	"浙江最美古树"：衢江全旺樟树
	"浙江最美古树"：普陀普慧庵樟树
	"浙江最美古树"：三门珠岙樟树
	"浙江最美古树"：三门沙柳樟树

最美古树名木

国外之贵

作　者	参赛作品
浙江省林业厅	"浙江最美古树"：莲都大港头樟树
	"浙江最美古树"：莲都碧湖樟树
	"浙江最美古树"：西湖真际寺银杏
	"浙江最美古树"：淳安姜家银杏
	"浙江最美古树"：鄞州东吴银杏
	"浙江最美古树"：瑞安湖岭银杏
	"浙江最美古树"：新昌大佛寺银杏（五木同堂）
	"浙江最美古树"：开化华埠银杏
	"浙江最美古树"：柯城华墅银杏
	"浙江最美古树"：江山峡口银杏
	"浙江最美古树"：衢江太真银杏
	"浙江最美古树"：临安太湖源南方红豆杉
	"浙江最美古树"：东阳江南方红豆杉
	"浙江最美古树"：庆元张村南方红豆杉

作　者	参赛作品
浙江省林业厅	"浙江最美古树"：泰顺筱村罗汉松
	"浙江最美古树"：婺城塔石罗汉松
	"浙江最美古树"：普陀磐陀庵罗汉松
	"浙江最美古树"：淳安金峰枫香
	"浙江最美古树"：西湖云栖竹径枫香
	"浙江最美古树"：鹿城藤桥枫香
	"浙江最美古树"：新昌小将榧树
	"浙江最美古树"：嵊州通源榧树
	"浙江最美古树"：东阳虎鹿香榧
	"浙江最美古树"：开化大溪边榧树
	"浙江最美古树"：临安太湖源圆柏
	"浙江最美古树"：泰顺筱村侧柏
	"浙江最美古树"：普陀法雨寺圆柏
	"浙江最美古树"：临海江南柏木

360

作 者	参赛作品	作 者	参赛作品
浙江省林业厅	"浙江最美古树"：景宁大漈刺柏	浙江省林业厅	"浙江最美古树"：泰顺泗溪马尾松
	"浙江最美古树"：临安天目山柳杉		"浙江最美古树"：仙居溪港马尾松
	"浙江最美古树"：龙泉龙南柳杉		"浙江最美古树"：诸暨赵家麻栎
	"浙江最美古树"：庆元百山祖柳杉		"浙江最美古树"：诸暨东白湖榔榆
	"浙江最美古树"：开化苏庄杉木		"浙江最美古树"：宁海桑洲苦槠
	"浙江最美古树"：开化苏庄桑树		"浙江最美古树"：永嘉东皋苦槠
	"浙江最美古树"：淳安王阜三角槭		"浙江最美古树"：临安於潜榉树
	"浙江最美古树"：平阳万全无柄小叶榕		"浙江最美古树"：德清筏头榉树
	"浙江最美古树"：龙湾瑶溪无柄小叶榕		"浙江最美古树"：鄞州章水金钱松
	"浙江最美古树"：西湖灵隐七叶树		"浙江最美古树"：庆元张村江南油杉
	"浙江最美古树"：文成百丈漈红楠		"浙江最美古树"：长兴林城黄连木
	"浙江最美古树"：开化齐溪闽楠		"浙江最美古树"：龙泉锦溪红豆树
	"浙江最美古树"：缙云大洋南方铁杉		"浙江最美古树"：平湖乍浦荷花玉兰
	"浙江最美古树"：文成百丈漈木荷		"浙江最美古树"：景宁沙湾金桂

作 者	参赛作品	作 者	参赛作品
浙江省林业厅	"浙江最美古树"：龙泉城北钩栗	浙江省临安市林业局	原生金钱松群落
	"浙江最美古树"：庆元五大堡赤皮青冈		天然南方红豆杉群落
	"浙江最美古树"：庆元百山祖檫木		活化石野银杏
	"浙江最美古树"：瓯海仙岩红山茶		冲天树金钱松
	"浙江最美古树"：德清莫干山美人茶		挺拔的华东黄杉
			我国特有种天目木姜子
	"浙江最美古树"：南浔小莲庄紫藤		地球独生子天目铁木
	"浙江最美古树"：绍兴越城紫藤		天目骄子羊角槭
			孑遗树种香果树
	"浙江最美古树"：开化桐村重阳木		树龄500年的青檀
	"浙江最美古树"：龙泉岩樟玉兰		稀有植物连香树
			华东特有树种浙江楠
	"浙江最美古树"：安吉龙王山银缕梅		珍贵树种南方铁杉
			古老稀有鹅掌楸
	"浙江最美古树"：泰顺泗溪乌桕		单种属植物七子花
浙江省临安市林业局	大树王国西天目山		东天目南方红豆杉
			於潜榉树王
	乾隆与大树王		林家塘金钱松王
	东岙头马醉木		湍口大枫杨
			马啸大麻栎
	龙塘山香槐		锦城青冈栎
	清凉峰灯笼花		横畈红楠

作　者	参赛作品
浙江省临安市林业局	高虹黄山松
	龙岗马尾松王
	马啸苦槠王
	高虹香樟王
	禅源寺罗汉松
	西径巨枫香
	邵家古皂荚
	大峡谷玉兰
	塘岭关银杏
	於潜苦槠
	绍鲁青檀
	引领春天的树木
	白里透红的黄山木兰
	高雅素洁的天目木兰
	光滑的天目紫茎
	锦坑桥银桂
	鸠甫山金桂
	湍口巨伞黑壳楠
	锦城千载古榆
	西径山千年苦槠
	朱元璋与古银杏
	横溪吴妃古桂

作　者	参赛作品
浙江省临安市林业局	马啸扭柳
	上阳奇桧
	龙塘山巴山水青冈
	高虹罗汉松
	孪生姐妹枫
	奇槐长奇兰
	顽强的枫香
	银杏座拥沙朴树
	成竹在胸的板栗树
	奇特的枸骨
	洪岭山茱萸
	太阳雌雄榧
	岛石无核方柿
郑军然	世界面积最大古梨树群——赵县南庄古梨树群
智曼卿	六百年古树见证一个村庄的沧海桑田
重庆市林业局	银杏
	乌冈栎
	银杏
	黄葛树
	银杏
	银杉

作　者	参赛作品
重庆市林业局	黄葛树
	桢楠
	银杏
	柏木
	君迁子
	栲树
	黄葛树
	杉木
	红豆树
	油柿
	川黔润楠
	重阳木
	柏木
	桢楠
	罗汉松
	黄杉
	香樟
	常春油麻藤
	铁坚油杉
	无患子
	柏木
	南方红豆杉

作　者	参赛作品
浙江省临安市林业局	黄连木
	苦槠
	川黔润楠
	黄葛树寄生于重阳木
	竹叶楠
	黄葛树
	小花香槐
	橄榄
	黄葛树
	黄连木
	香樟
	橄榄果杜英
	苏铁
	川柯
	邓小平手植的马尾松
	贺龙手植桂花树
	杨尚昆手植的柚子树
佚　名	四川南充：513岁迎客松媲美黄山迎客松
周红亮	江南第一家"精忠柏"
周　辉	走进古树的历史　倾听光阴的故事
周克强	犍为古榕王的传说

最美古树名木

国外之贵

作　者	参赛作品
庄晨辉	福建圆柏王
	福建长苞铁杉王
庄晨辉	福建枫香王
	福建木荷王
	福建秋枫王
	福建南紫薇王
	福建荔枝王
	福建罗汉松王
	福建油杉王
	福建檫树王
	古桧盘龙
	黄连木古树群

作　者	参赛作品
庄晨辉 黄　海 陈　静	世界面积最大古水松林——福建屏南水松古树群
庄晨辉 张圆圆	福建樟树王
庄质彬 胡春蕾	明朝古银杏　当今"夫妻树"
庄质彬 李从峰	千年古树传佳话　八子绕母发新芽
庄质彬 赵吉臣	千年银杏抱桑槐　相得益彰迎春来
邹吉东	斑斓古枫

附录九：

寻找"最美古树名木"
国外参赛作品目录

（按作者姓名首字母排序）

作　者	参赛作品
曹欣丹	Calke公园的一棵老树
曹娅娴	美国奥克兰公墓木兰
曾　勇	Cubbington梨树
陈　刚	石户蒲樱
陈莲眉	制革厂公园白蜡树
陈寿渊	Dieckmann教授木兰
程　凤	美国总统树
程双民	巨型红汀格
崔喻晶	Ankerwycke红豆杉
戴　敏	"Tufina"橄榄树
邓材民	菩提树
邓金阳	希腊Vouves橄榄树
	美国吊灯树
	日本巨柳杉
	美国谢尔曼将军树
	美国海波树

作　者	参赛作品
邓金阳	意大利百马栗树
邓金阳	伊朗Sarv-e Abarqu树
	巴西帕特里卡大弗洛雷斯塔
	英国兰盖尔纽紫杉
	美国玛士撒拉树
邓飘雨	亚特兰大纪念公园小小格兰特网球中心的郁金香杨树
邓天贵	莎莉爬树
樊革民	加州高龄红杉
方　海	美国"生命之树"
方艾健	Tolpuddle烈士树
方旭红	印度的大菩提树
封齐炳	柬埔寨塔布隆寺之树
封尉馨	澳大利亚桉树王
龚景萧	托儿普德尔村的小无花果树：蒙难者的纪念
龚蓝艳	新西兰倾斜树

作　者	参赛作品
龚蓝莹	一棵2000岁的枣树
龚元才	苏格兰莫尔的巨型红杉中最高的树
古　璐	"Brret"橄榄树
顾良龙	Acklington黑杨
郭秀晶	Jabuticaba -巴西葡萄树
韩　娅	美国圣母关怀之家的樱桃树皮橡树
韩惠宜	德国波恩 幻美的樱花隧道
何　彦	南卡罗来纳的橡树大道
黄登棉	希腊巴尔干松
贾　蓉	毕比树
江　斌	美国月神树
江浩华	美国皮埃蒙特公园"攀登木兰"
江美婕	美国婚礼橡树
江庆惠	坦桑尼亚猴面包树
蒋景香	喀麦隆尔威兹加树
蒋言柔	伯克夏郡修道院里的紫杉：亨利八世初次约会地点
井　辰	Boscobel橡树
井焱丹	日本144岁的紫藤
康天鹏	Ponthus山毛榉
孔畅国	美国潘多树
孔睫薇	Dajti橄榄树

作　者	参赛作品
孔静香	克劳赫紫杉
孔良超	迪凯特战役的白蜡树
寇　荔	德国 Peesten Tanzlinde菩提树
李蝶红	美国迪凯特娱乐中心木兰
李　楠	南非6000年树龄猴面包树
梁海波	美国怡和杜松
林　逸	英国罗宾汉"大橡树"
李　慧	英国伦敦"古森林"
刘　志	康奈利自然公园白橡木
刘　莉	墨西哥的图勒树
鲁艾弈	折叠狩宿的下马樱
鲁均明	南非巨大猴面包树
陆　琴	英国最大的青柠树
陆银兴	蒙哥马利郡树
罗　平	西班牙的龙血树
吕　超	深沙地公园白橡木
吕彦眉	丹麦"橡树之王"
马桂蓓	美国最高的山茱萸
马庆炳	"Zhenem"橄榄树
毛倚娴	Bewdley Kateshill甜栗
米泽升	恩迪科特梨树
潘　帅	塞拉利昂弗里敦的木棉

作者	参赛作品
庞 妍	Paideia学校诉说故事的树
庞 燕	吉尔伯特家的橡树
庞啸剑	也门的龙血树
彭雪薇	Tortworth甜栗
钱富武	神圣的树社
钱佳光	英国黑暗树篱
钱文奇	澳大利亚的猴面包监狱树
钱亚凤	包裹着石佛的树
冉迪振	艾格尼丝·斯科特的"迷香柏木"
冉欣彦	克罗夫特城堡甜栗大道
任 希	枫隧道
阮恭琴	马达加斯加皇家凤凰木
宋牡馨	南非生命之树
孙 花	加拿大125岁的杜鹃
孙冰韵	澳洲佩斯格洛斯特树梯
唐亚升	美国佐治亚理工学院塔白橡木
田宇旺	以色列浸信会教堂红橡木
万平洪	同根同祖的白杨
汪冰蕴	夏威夷的彩虹桉树
王明伟	伊朗塞意阿巴库树
王若涵	法国百年橡树里藏着小教堂

作者	参赛作品
王众凯	肯尼亚生命之树
吴均武	南北战争见证树
伍一雨	赫里福郡墓地Marcle紫杉
伍兆斌	波兰弯曲的森林
夏楠蓓	岐阜·根尾谷的淡墨樱
谢宁一	美国奥林匹克公园温带雨林
谢宁一	美国瑞尼尔山原始森林
谢晓香	Clachan橡树
熊 毅	美国友谊树
徐经岚	紫藤隧道
徐农平	新西兰"森林之父"
严秋伶	米尔顿凯恩斯的树木
杨华	英国利郎格尼维紫杉
杨益强	美国孤独的悬崖守卫者
杨元雄	坎布里亚郡紫杉：诗人华兹华斯为它作诗
姚道益	巴西的凤凰木
姚静薇	美国的篮子树
叶致玉	Bunut Bolong
余少庆	山高神代樱
余卓超	妇女参政橡树
袁庆轩	"Multipied"橄榄树

最美古树名木
国外之贵

作　者	参赛作品
张　红	"梦想"柳橡树
张　帆	波兰鲍尔泰克橡树
张滕龙	克罗夫特城堡的甜栗树：来自1588年漂洋过海的种子
张小瑜	牛顿老家的苹果树：可能启发了"万有引力定律"
张　艳	肯尼亚金合欢树
张艳	马达加斯加猴面包树
赵　翠	阿尔巴尼亚最古老的橄榄树
赵　竣	三春滝樱
赵美珍	美国波特兰的日本枫树

作　者	参赛作品
赵同原	美国1400岁天使橡树
钟蝶辰	亚特兰大粉碎机木兰
钟莳娇	淡水河谷的森林自然保护区扭曲紫杉树
朱　千	南非约翰内斯堡的蓝花楹隧道
朱永胜	智利山达木树
朱咏娴	豆科灌木——奇迹树
邹　爽	加拿大卡皮拉诺吊桥公园之道格拉斯黄杉
邹　雁	"Tujan"橄榄树
邹盈璐	巴林生命的奇迹

参考文献

爱德华·威尔逊.你可知道地球上的物种有多丰富[J].环球人文地理，2015,(3).

北京市公园管理中心，北京市公园绿地协会.古树名木故事.北京：中国林业出版社，2014.

邓三龙.湖南古树名木.长沙：湖南美术出版社，2011.

大理白族自治州绿化委员会，大理白族自治州林业局.大理古树名木.大理：大理东燊印务有限公司，2015.

佚名.地球生物多样性现状、影响及对策[J].资源与人居环境，2010，(11).

佚名.地球物种名录破百万大关[J].科学中国，2007,(8).

冯振德.全国千年古树名木.郑州：中州古籍出版社，2016.

国家林业局.中国树木奇观.北京：中国林业出版社，2003.

国务院.国务院关于积极推进"互联网+"行动的指导意见.中国政府网http://www.gov.cn/，2015年07月04日.

国务院.国务院关于印发促进大数据发展行动纲要的通知.中国政府网http://www.gov.cn/，2015年09月05日.

国家林业局.国家林业局关于加快中国林业大数据发展的指导意见.2016年7月14日.

国家林业局.国家林业局关于印发《"互联网+"林业行动计划——全国林业信息化"十三五"发展规划》的通知.2016年3月22日.

国家林业局.国家林业局关于印发《中国智慧林业发展指导意见》的通知.2013年8月21日.

国家林业局森林病虫害防治总站.中华人文古树.北京:中国林业出版社,2016.

《甘肃古树奇观》编辑委员会.甘肃古树奇观.甘肃：兰州时代彩印技术中心，1999.

河北省绿化委员会办公室.河北古树名木.石家庄：河北科学技术出版社，

最美古树名木

国外之贵

2009.

河南省信阳市林业局.信阳古树名木.北京：中国林业出版社，2015.

江苏省绿化委员会.江苏古树名木.北京：中国林业出版社，2013.

刘汉卿.宝鸡古树名木.西安：陕西科学技术出版社，2009.

佚名.科学家称地球物种共870万全部找齐还需1200年[J].环境经济，2011, (9).

临安市林业局.临安古树名木.北京：新华出版社，2005.

李世东.大数据时代中国智慧林业门户网站建设[J].电子政务，2014, (3).

李世东.论第六次信息革命[J].中国新通信，2014, (14).

李世东.人类正迈入"六个第一"的信息时代[N].学习时报，2014, (756).

李世东.中国林业信息化标准规范[M].北京：中国林业出版社，2014.

李世东.中国林业信息化绩效评估[M].北京：中国林业出版社，2014.

李世东.中国林业信息化示范建设[M].北京：中国林业出版社，2014.

李世东.中国林业信息化政策解读[M].北京：中国林业出版社，2014.

李世东.中国林业信息化政策研究[M].北京：中国林业出版社，2014.

李世东.中国智慧林业：顶层设计与地方实践.北京：中国林业出版社2015.

李世东.中国林业网：智慧化与国际化之路.北京：中国林业出版社，2015.

李世东.中国林业大数据发展战略研究报告.北京：中国林业出版社，2016.

李腾.崂山古树名木.北京：中国林业出版社，2015.

刘海桑.鼓浪屿古树名木.北京：中国林业出版社，2013.

牛有成，赵凤桐.北京古树神韵.北京：中国林业出版社，2008.

潘建平，沙彩平.试论龙泉市古树名木资源现状及保护对策[J].安徽农学通报，2010, 16(6).

青浦区绿化管理署，青浦区写作协会.青浦的古树与人文.上海：文汇出版社，2013.

全国绿化委员会办公室.古树名木复壮养护技术和保护管理办法.北京：中国民族摄影艺术出版社，2013.

全国绿化委员会办公室.中华古树名木（上下卷）.北京：中国大地出版社，2007.

乔心月.生物工程改变世界[J].大自然探索，2014, (4).

涉县林业局.涉县古树名木.石家庄：河北科学技术出版社，2012.

王海涛.湖北古树名木.武汉：湖北美术出版社，2013.

王艺伟，周林通，李伟刚等. 伊川县古树名木资源调查与分析[J]. 绿色大世界·绿色科技，2010, (5).

王彦裕.园林绿化中树木的种类及用途[J]. 新课程学习·中旬，2014, (4).

谢红伟.河南栾川古树名木.北京：中国林业出版社，2013.

西藏自治区林业厅，西南林业大学.西藏珍稀古树名木.拉萨：西藏人民出版社，2015.

于施洋,王建冬. 政府网站分析进入大数据时代[J] . 电子政务，2013，(8) .

于施洋，王建冬. 政府网站分析与优化——大数据创造公共价值[M] . 北京：社会科学文献出版社，2014.

朱玉正.焦作古树名木.北京：中国林业出版社，2015.

周克勤.重庆古树名木.重庆：西南师范大学出版社，2007.

邹学忠，李作文.辽宁古树名木.北京：中国林业出版社，2011.

《浙江古树名木》编写组.浙江古树名木.杭州：浙江科学技术出版社，2001.

Ancient Tree Forum.Ancient,veteran and other definitions[EB/OL]. Ancient Tree Forum.http://www.ancienttreeforum.co.uk/.

American Forests.Big tree stories [EB/OL].American Forests.

http://www.americanforests.org/explore-forests/americas-biggest-trees/.

Jeremy Coles.11 of Britain's most legendary trees[EB/OL].BBC-earth.http://www.bbc.com/earth/uk.

Peter.M.Brown.OLDLIST,A Database Of Old Trees[EB/OL].Rocky Mountain Tree-Ring Research.http://www.rmtrr.org/oldlist.htm.

T.W.Crowther,H.B.Glick,K.R.Covey,Mapping tree density at a global scale[J].

Nature.http://www.nature.com/nature/journal/v525/n7568/full/nature14967.html.

Woodland Trust.AncientTrees[EB/OL].Ancient-Tree-Hunt.http://www.ancient-tree-hunt.org.uk/